职业教育示范性规划教材

PLC 技术与应用（西门子机型）
——项目教程

主编　陈杰菁
主审　程　周

电子工业出版社

Publishing House of Electronics Industry

北京·BEIJING

内 容 简 介

本书以西门子公司的 S7 – 300 PLC 为样机，在系统介绍了 PLC 软、硬件的基础上，采用项目引领的教学思路，通过具体控制项目对 PLC 控制程序的设计与编写方法进行了详细介绍。此外，通过具体实例，对 PLC 高级编程中使用的寻址方式、通信总线 PROFIBUS – DP 的组态应用和 AS – I 传感器接口做了介绍。书中从工程应用的角度出发，突出应用性和实践性，以大量的应用实例和插图，帮助读者学习和掌握 PLC 工作原理、控制程序设计和网络的组态。

本书可作为职业院校相关专业的教材，也可作为电气工程师及爱好者自学和参考用书。

为了方便教师教学，本书还配有电子教学参考资料包（包括教学指南、电子教案、习题答案和 PLC 项目实训参考控制程序），详见前言。

未经许可，不得以任何方式复制或抄袭本书之部分或全部内容。

版权所有，侵权必究。

图书在版编目（CIP）数据

PLC 技术与应用：西门子机型：项目教程/陈杰菁主编. —北京：电子工业出版社，2012.1
职业教育示范性规划教材
ISBN 978 – 7 – 121 – 15409 – 6

Ⅰ．①P… Ⅱ．①陈… Ⅲ．①可编程序控制器 – 中等专业学校 – 教材 Ⅳ．①TM571.6

中国版本图书馆 CIP 数据核字（2011）第 253402 号

策划编辑：靳　平（jinping@ phei. com. cn）
责任编辑：郝黎明
印　　刷：涿州市京南印刷厂
装　　订：
出版发行：电子工业出版社
　　　　　北京市海淀区万寿路 173 信箱　邮编 100036
开　　本：787×1092　1/16　印张：13　字数：329.6 千字
印　　次：2012 年 1 月第 1 次印刷
定　　价：25.00 元

职业教育示范性规划教材

编审委员会

出 版 说 明

为进一步贯彻教育部《国家中长期教育改革和发展规划纲要（2010—2020）》的重要精神，确保职业教育教学改革顺利进行，全面提高教育教学质量，保证精品教材走进课堂，我们遵循职业教育的发展规律，本着"着力推进教育与产业、学校与企业、专业设置与职业岗位、课程教材与职业标准、教学过程与生产过程的深度对接"的出版理念，经过课程改革专家、行业企业专家、教研部门专家和教学一线骨干教师共同努力，开发了这套职业教育示范性规划教材。

本套教材采用项目教学和任务驱动教学法的编写模式，遵循真正项目教学的内涵，将基本知识和技能实训融合为一体，且具有如下鲜明的特色：

（1）面向职业岗位，兼顾技能鉴定

本系列教材以就业为导向，根据行业专家对专业所涵盖职业岗位群的工作任务和职业能力进行的分析，以本专业共同具备的岗位职业能力为依据，遵循学生认知规律，紧密结合职业资格证书中技能要求，确定课程的项目模块和教材内容。

（2）注重基础，贴近实际

在项目的选取和编制上充分考虑了技能要求和知识体系，从生活、生产实际引入相关知识，编排学习内容。项目模块下分解设计成若干任务，任务主要以工作岗位群中的典型实例提炼后进行设置，注重在技能训练过程中加深对专业知识、技能的理解和应用，培养学生的综合职业能力。

（3）形式生动，易于接受

充分利用实物照片、示意图、表格等代替枯燥的文字叙述，力求内容表达生动活泼、浅显易懂。丰富的栏目设计可加强理论知识与实际生活生产的联系，提高了学生学习的兴趣。

（4）强大的编写队伍

行业专家、职业教育专家、一线骨干教师，特别是"双师型"教师加入编写队伍，为教材的研发、编写奠定了坚实的基础，使本系列教材符合职业教育的培养目标和特点，具有很高的权威性。

（5）配套丰富的数字化资源

为方便教学过程，根据每门课程的内容特点，对教材配备相应的电子教学课件、习题答案与指导、教学素材资源、教学网站支持等立体化教学资源。

职业教育肩负着服务社会经济和促进学生全面发展的重任。职业教育改革与发展的过程，也是课程不断改革与发展的历程。每一次课程改革都推动着职业教育的进一步发展，从而使职业教育培养的人才规格更适应和贴近社会需求。相信本系列教材的出版对于职业教育教学改革与发展会起到积极的推动作用，也欢迎各位职教专家和老师对我们的教材提出宝贵的建议，联系邮箱：jinping@ phei. com. cn。

电子工业出版社

前　言

可编程序控制器（简称 PLC）是以微处理器（MCU）为核心的工业控制装置，具有高可靠性、灵活通用、易于编程、使用方便、扩展方便等特点。因此，PLC 广泛应用于工厂自动化及灵活性制造系统中，应用领域覆盖了汽车工业、机械制造、钢铁冶金、纺织、石油化工、食品制造、自动仓储等各行各业。

在我国，西门子（SIEMENS）公司的 SIMATIC – S7 系列的 PLC 在工业生产领域得到了大量的应用，市场占有率很高。本书以 SIMATIC S7 – 300 系列 PLC 为样机，从工程实践应用的角度出发，采用项目引领的编写思路，通过大量的控制实例，分 3 个章节对 S7 – 300 系列 PLC 的基础和高级应用进行了介绍。主要内容如下：

（1）可编程序控制器基本概念，S7 – 300 系列 PLC 硬件介绍，STEP 7 编程软件介绍。

（2）STEP 7 编程软件使用方法概述，通过 6 个控制项目介绍基本 S7 – 300 系列 PLC 控制程序的设计与编写。

（3）寻址方式与地址寄存器指令的高级编程应用，通信总线 PROFIBUS – DP 网络组态实例，执行器传感器接口 AS – I。

本书在编写中，强调图文并茂、文字介绍精练易懂，以实例与项目为引领，介绍 PLC 的基本概念、指令和控制程序的编写方法。以此使读者通过对本书的学习，能全面地掌握西门子 SIMATIC S7 – 300 系列 PLC 的工作原理和应用技能。每个项目中除了对项目实施的方法有详细说明，还设有拓展项目，读者可以通过实践加深对知识点的理解，更好地验证并掌握理论知识。本书可以作为职业院校相关专业的教材，同时也可作为电气工程师及爱好者自学和参考用书。

本书由陈杰菁主编，参加编写的还有陈嘉良、周虎玉、姚虹。本书由程周教授担任主审，提出了许多宝贵意见。另外，在编写过程中德国兰茨胡特应用技术大学的 W. Schönberger 教授给予了很大的帮助和建议，在此一并表示感谢。

由于编者水平有限，书中难免有错误和不当之处，敬请专家、读者批评指正。为了方便教师孝学，本书还配有电子教学参考资料包（包括教学指南、电子教案、习题答案和 PLC 项目实训参考控制程序），请有此需要的教师登录华信教育资源网（http：// www. hxedu. com. cn）下载。

编者

目　　录

第1章　可编程序控制器的概述

可编程序控制器（简称PLC）是随着现代工业自动化生产水平和微电子研发、制造水平的飞速发展，在继电器控制的基础上产生的一种新型工业控制装置，是将微型计算机技术、控制技术和通信技术融为一体，应用到工业控制领域的一种高可靠性控制器，是工业生产自动化的重要支柱。1969年第一台可编程序控制器由美国数字设备公司研发生产，虽然只有40余年的发展历史，但其已经广泛应用于冶金、机械、石油开采、化工、纺织、轻工、建筑、运输、电力等部门。

1985年国际电工委员会（IEC）对可编程序控制器给出了明确的定义："可编程序控制器是一种数字运算操作的电子系统，专为在工业环境下应用而设计。它采用可编程序的存储器，用来在其内部存储执行逻辑运算和顺序控制、定时、计数和算术运算等操作的指令，并通过数字或模拟的输入和输出接口，控制各种类型的机器设备或生产过程。可编程序控制器及其有关设备的设计原则是它应按易于与工业控制系统连成一个整体和具有扩充功能。"

1.1　PLC控制

1.1.1　PLC控制与接触器控制的比较

在PLC出现以前，以各种继电器为主要元件的电气控制线路，承担着生产过程自动控制的艰巨任务，往往需要由成百上千只各类继电器构成复杂的控制系统，同时需要数倍于甚至数十倍于继电器数量的导线进行连接。当这些继电器运行时，不仅要消耗大量的电能，还要产生大量的噪声污染。生产中，为了保证控制系统的正常运行，需要安排大量的维护技术人员进行维护与检修，因为有时某个继电器的故障或者是某个继电器的触点接触不好都会影响整个控制系统的正常运行。如果系统出现故障，检查和排除故障是非常艰巨和困难的工作，这完全需要依靠现场电气技术人员长期积累的经验。同时，如果生产工艺发生变化，往往需要增加很多的继电器，重新接线或改线的工作量极大，有些极端情况甚至需要重新设计控制系统，造成大量的人力和资金的投入。尽管如此，这种由继电器实现的控制系统的功能也仅仅局限在能实现粗略定时、计数功能的顺序逻辑控制。因此，市场迫切需要一种新的工业控制装置来取代传统的继电器控制系统，使电气控制系统工作更可靠、维修更容易、更能适应经常变化的生产工艺要求。

　　而以 PLC 为核心的自动化设备是通过程序软件来完成所需的控制流程，所以自动化设备的内部结构和接线就与控制任务无关。这样只需要生产标准自动控制设备，通过编制不同的控制程序，就能实现不同的控制任务。同时，随着半导体存储器成本的不断降低，在实现规模较大的控制任务时，以 PLC 为核心的自动化设备的制造成本要远低于以接触器、继电器为核心的自动化设备。PLC 控制与接触器控制的性能比较如表 1-1 所示。

表 1-1　PLC 控制与接触器控制的性能比较

	可编程序存储器控制	接触器控制
功能载体	程序	接线
工作方式	顺序循环运行	并行运行
功能输入	编程器或计算机	螺钉旋具等
功能改变	简单方便	繁琐
设计、验证、调试辅助设备	采用计算机辅助	很少
错误诊断	可采用计算机辅助，很方便	完全依靠技术员的经验，较困难
文件汇编	由程序自动完成	通过手工填写
场地和能耗的需求	体积小，功耗小	体积大，功耗大
噪声	无噪声	强噪声
可靠性和使用寿命	高可靠性和长使用寿命	受触点磨损的限制，可靠性与可维护性差，使用寿命短
计算机连接与可视化界面	实现非常方便	几乎没有可能
抗干扰能力	通过附加措施实现	强
在错误发生时的安全动作	通过附加措施和程序语句实现	通过专门安排的触点实现
控制速度	由控制器系统周期决定，一般为微秒级	由触点动作实现控制，动作时间一般为数十毫秒
时间控制	由系统内部时钟电路控制，设置方便、精度高	由时间继电器实现，精度低，易受环境影响
价格、成本	使用专门的可编程序控制器，单位成本高。应用于中大规模控制系统时，成本较低	使用开关、接触器及继电器等，单位成本低。应用于小规模控制系统时，成本较低

　　在 PLC 控制中也能够实现一些接触器控制无法完成的高级控制过程，例如计数、比较、运算、控制程序检测或对可变参数功能块的调用等功能。

　　在许多现代工业控制现场，传感器与执行装置是通过现场总线串联起来的。典型的现场总线形式有 Interbus、Profibus 或是 CAN Bus 等。这些通过现场总线连接的现场器件，通过局域网可以十分方便地与上级主控制器或主计算机相连。很多 PLC 都有现场总线通信接口，使得"分散控制，集中监控"的现代工业控制思想得以实现。

PLC 控制过程如图 1 - 1 所示。

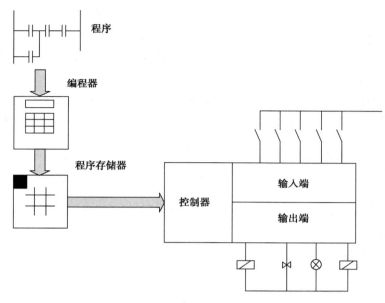

图 1 - 1   PLC 控制过程

1.1.2　PLC 的工作方式

　　PLC 是以顺序循环的方式来执行控制程序的。也就是说，控制指令按照其在控制程序中的排列次序，由控制器从程序存储器中读取，并从第一条至最后一条逐条执行。当最后一条指令完成后，控制器又会再次回到程序存储器的初始位置，周而复始循环执行。PLC 中指令执行的过程如图 1 - 2 所示。

　　在一个程序处理周期开始时，可编程序控制器会首先查询控制器所有被占用的数字输入端的信号状态。查询所得的逻辑信号（"0"或"1"）将作为"输入过程映像"存入内存。控制器在接下来控制程序处理中只调用内存中的"输入过程映像"，而不是再次查询输入口的信号状态。这样，在一个程序处理周期中所发生的输入信号变化，将不会对控制过程产生干扰或影响。此外，访问内部数据存储器所需要的时间要远少于直接从外部组件读取数据所用的时间。

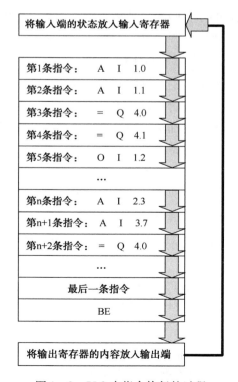

图 1 - 2   PLC 中指令执行的过程

在程序处理过程中，通过对输入端口、寄存器或定时器信号的查询和逻辑处理所获得的新的输出信号状态，控制器会将这些变化后的输出信号先存入"输出过程映像"。直到最后一条程序指令完成后，"输出过程映像"的内容才会被传输到外部的输出模块。这样，在一个程序处理周期里输出端口的状态是不会改变的，或者说，只有完成一个程序处理周期，输出端的状态才可能发生变化。

如果在一个程序周期中，多条程序指令对同一个输出信号作出多次状态修改，那么只有最后一次存入"输出过程映像"的信号状态是有效的，并输出至输出模块。

1.1.3　相关名词定义与说明

1. 周期时间

周期时间是指可编程序控制系统执行一个程序周期所花费的时间。周期时间是由系统程序处理时间、输入/输出过程映像传输时间和用户程序处理时间三部分组成。典型的用户程序处理时间为 0.1~0.3ms/1000 条指令。

前一周期所花费的时间在 OB1（主程序循环块）中是可以被读取出来的，所以一般在 OB1 中会设置周期时间监测（看门狗），这样就可以在自动控制设备发生超时情况（如程序出现死循环）时，使其自动转换到停止的状态。

2. 响应时间

响应时间是指从识别输入信号到相关输出信号发生改变所使用的时间。

响应时间取决于周期时间和输入/输出的延时。

3. 累加器（ACCU）

累加器是一种特殊的寄存器，该寄存器用来存储定时器或计数器的预先设置，以实现算术运算的执行。绝大多数的自动控制设备分配 2~4 个累加器来实现两个操作数的算术运算，如加法、减法、乘法或是比较运算。

将外部寄存器上的数据传输（复制）到累加器的操作使用"加载"指令（如 L DW27，L T2 或 L IB4 等）。将累加器中的数据传输到外部寄存器的操作需要使用"传输"指令（如 T MB3 或 T PB1 等）。

4. 输入/输出模块

可编程序控制器的输入/输出信号通常是二进制信号，也就是说输入/输出信号有两种信号状态"0"或"1"（对应关断/接通）。在控制技术中，二进制状态"0"对应 0V 电压，状态"1"对应直流 24V 或者是交流 220V 电压。

例如：24V 额定电压

$$\text{"0"：} 0\sim5\text{V DC}$$

$$\text{"1"：} +13\sim+33\text{V DC；标准值：} +24\text{V}$$

1）输入模块。控制所需要的过程变量是通过各类传感器加以采集，然后通过输入模块被送入可编程序控制器的。经常所使用的传感器有开关（限位开关）、电感式接近开关、按钮、液面高度传感器、温度传感器、光传感器和电流传感器等，这些传感器输出一个二进制开关信号。输入模块一般都是由 8 位、16 位或 32 位输入端组成。

输入模块具有高输入阻抗的特点，因为输入模块内部一般采用光耦合器或继电器。同时，输入模块采用输入滤波器去除干扰，输入电平通过发光二极管进行显示。

2）输出模块。输出模块的主要功能是输出二进制信号对控制执行元件进行控制。常用的控制执行元件有继电器或接触器（对诸如电动机、加热装置等进行控制）、光学或声学信号发生器、阀门、功率晶闸管或功率三极管等。与输入模块相似，输出模块一般由 8 位、16 位或 32 位输出端组成。

输出模块能够进行信号放大和转换，使得输出电压满足要求；输出模块内部具有防短路和限制输出电流的安全保护功能块。输出电平通过发光二极管进行显示。

5. 输入/输出模块的绝对地址

每个输入和输出都有一个由硬件配置预定义的绝对地址。该地址是直接指定的，所以称为绝对地址。数字输入/输出模块的绝对地址设定如图 1 – 3 所示。

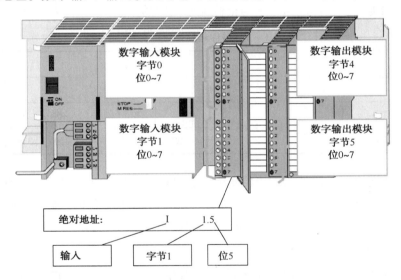

图 1 – 3　数字输入/输出模块的绝对地址设定

每一个绝对地址由下列要素组成：

- 一位元件类型的缩写
- 一位与槽位相关的组或 Byte 编号
- 一位通道或 bit 编号

Byte 编号和 bit 编号是通过小数点进行分隔的。bit 编号的有效范围是 0 ~ 7。

一般槽位 1 是为电源预留的，槽位 2 是为 CPU 预留的，槽位 3 是为接口模块预留的，所以第一个输入或输出模块只能从槽位 4 开始安放。同时，槽位 4 的默认编号（即 Byte 编号）为 0。

例如：

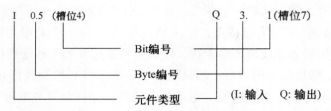

元件类型通常也称为操作对象部分，主要是用来说明何种操作对象被执行。除了输入/输出（I/Q）外，通常还有如下操作对象（西门子 SIMATIC 所定义的助记符）：中间存储器（M），数据（D），定时器（T），外围设备（P），计数器（C），模块（B）。

模拟组件的地址：模拟输入/输出通道的地址是一个长度为 16bit（1 个字）的地址，其地址是按照元件的起始地址获得的。

比如，将第一个模拟器件插入槽位 4，那么该模拟器件的默认起始地址是 256。其他模拟器件按槽位数每增加 1，则起始地址增加 16。模拟输入/输出器件与模拟输入/输出通道有相同的起始地址。具体起始地址与槽位编号之间的关系如表 1 – 2 所示。

表 1 – 2　器件起始地址的分配

组件支架	器件起始地址	槽 位 编 号									
		1	2	3	4	5	6	7	8	9	10	11
0	数字	电源	CPU	接口	0	4	8	12	16	20	24	28
	模拟				256	272	288	304	320	336	352	368

例如，一个模拟输入器件插在槽位 4 上，则其通道 0 的地址是 256，通道 1 的地址是 258。模拟输出口有相同的起始地址，也就是通道 0 的地址是 256，通道 1 的地址是 258。槽位 5 上通道的起始地址增加 16bit（即 1 个字），即 256 + 16 = 272。

6. 中间存储器

中间存储器其实是自动控制系统中的一段内存，控制组件将二进制的信号状态暂存其中。中间存储器的处理方式就像输出端，只不过它不会通过输出模块被输出到外部。如果自动控制器有内部备份电池，则中间存储器有保持型和非保持型的区分。当出现断电或自动控制器被关闭时，在保持型中间存储器中的信号状态会被保留下来。从功能上说，中间存储器的功能类似于继电器中的辅助触点，控制的结果可以通过它被更多的电路使用。

中间存储器的逻辑状态就像输入/输出模块一样是可以被进一步处理的（比如查询等）。

1.2　S7—300 PLC 硬件简介

S7—300 PLC 是德国西门子（SIEMENS）公司较早推出的功能强大的中型 PLC，在世界范围内中大型控制场合得到普遍使用。本节主要介绍 S7—300 PLC 的硬件特性及其主要模块。S7—300 PLC 的外观如图1-4所示。

图1-4　S7—300 PLC 的外观

S7—300 系列 PLC 与其他可编程序控制器一样，都采用循环扫描工作方式。即 CPU 首先扫描输入模块的状态，并更新输入过程映像寄存器，然后执行用户程序，最后从输出过程映像寄存器中输出到输出模块，以此循环下去。

1.2.1　S7—300 PLC 的组成

S7—300 PLC 功能强、速度快、扩展灵活，它具有紧凑的、无插槽位置限制的模块化结构，其系统构成如图1-5所示。它的主要组成部分有导轨（RACK）、电源模块（PS）、中央处理单元 CPU 模块、接口模块（IM）、信号模块（SM）、功能模块（FM）等。通过MPI 网的接口可以直接与编程器 PG、操作员面板 OP 和其他 S7 可编程序控制器相连接。

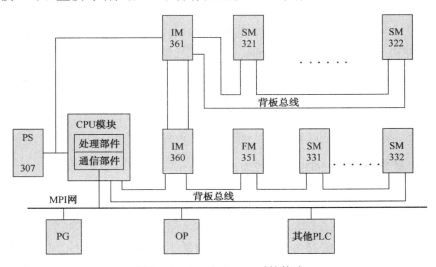

图1-5　S7—300 PLC 系统构成

导轨是安装 S7—300 各类模块的机架，它是特制不锈钢异型板，其长度有 160mm、

482mm、530mm、830mm、2000mm 五种，可根据实际需要选择。电源模块、CPU 及其他信号模块都可方便地安装在导轨上。S7—300 采用背板总线的方式将各模块从物理上和电气上连接起来，如图 1-6 所示。

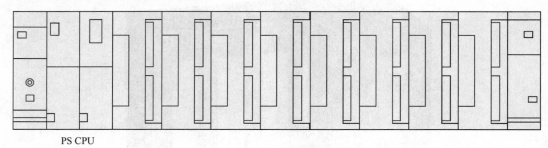

PS CPU

图 1-6　背板总线连接图

除 CPU 模块外，每块信号模块都带有总线连接器，安装时，先将总线连接器装在CPU 模块，并固定在导轨上，然后依次将各模块装入。

1）电源模块 PS 307 输出 24VDC，它与 CPU 模块和其他信号模块之间通过外部电缆连接向各模块提供电源，而不是通过背板总线连接。

2）中央处理单元 CPU 模块有多种型号，如 CPU312IFM、CPU313、CPU314、CPU315、CPU315—2DP 等。CPU 模块除完成执行用户程序的主要任务外，还为 S7—300 背板总线提供 5V 直流电源，并通过 MPI 多点接口与其他中央处理器或编程装置通信。

3）S7—300 的编程装置可以是西门子专用的编程器，如 PG705、PG720、PG740、PG760 等，也可以用通用微机，配以 STEP7 软件包，并加 MPI 卡或 MPI 编程电缆构成。

4）信号模块 SM 可以使不同的过程信号电平与 S7—300 的内部信号电平相匹配，主要有数字量输入模块 SM321、数字量输出模块 SM322、模拟量输入模块 SM331、模拟量输出模块 SM332。每个信号模块都配有自编码的螺紧型前连接器，外部过程信号可方便地连在信号模块的前连接器上。特别指出的是，其模拟量输入模块独具特色，它可以接入热电偶、热电阻、4 ~ 20mA 电流、0 ~ 10V 电压等 18 种不同的信号，输入量程范围很宽。

5）功能模块 FM 主要用于实时性强、存储计数量较大的过程信号处理任务。例如，快给进和慢给进驱动定位模块 FM351、电子凸轮控制模块 FM352、步进电机定位模块 FM353、伺服电机位控模块 FM354、智能位控制面模块 SINUMERIKFM – NC 等。

通信处理器是一种智能模块，它用于 PLC 间或 PLC 与其他装置间联网实现数据共享。例如，具有 RS – 232C 接口的 CP340，与现场总线联网的 CP342 – 5DP 等。

1.2.2　系统扩展和模块地址的确定

1. S7—300 系统的扩展

S7—300 是模块化的组合结构，根据应用对象的不同，可选用不同型号和不同数量的模块，并可以将这些模块安装在同一机架（导轨）或多个机架上。与 CPU312IFM 和 CPU313 配套的模块只能装在一个机架上。除了电源模块、CPU 模块和接口模块外，一个机架上最多只能安装 8 个信号模块或功能模块。

CPU314/315/315 – 2DP 最多可扩展为 4 个机架，IM360/IM361 接口模块将 S7—300 背板总线从一个机架连接到下一个机架，如图 1 – 7 所示。

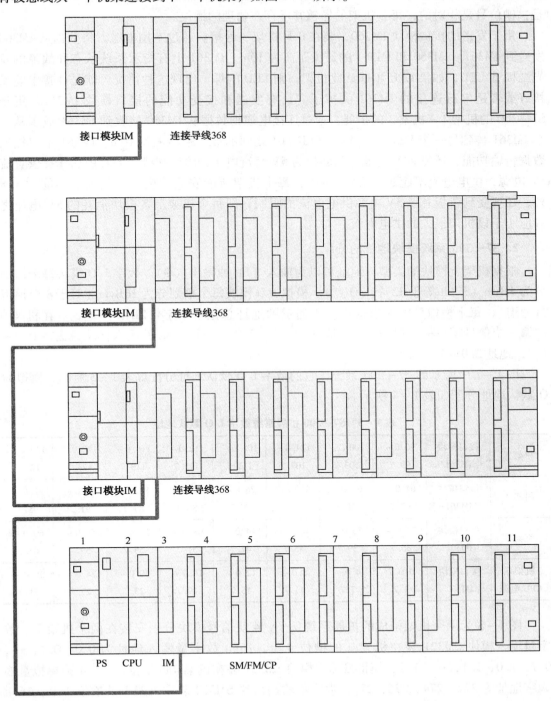

图 1 – 7　系统扩展连接示意图

中央处理单元总是在 0 号机架的 2 号槽位上，1 号槽位安装电源模块，3 号槽位总是安装接口模块。槽位号 4～11，可自由分配信号模块、功能模块和通信模块。需要注意的是，槽位号是相对的，每一机架的导轨并不存在物理的槽位。

用于发送的接口模块 IM360，装在 0 号机架 3 号槽。通过专用电缆，将数据从 IM360 发送到 IM361。IM360 和 IM361 的最大距离为 10m。IM361 上有指示系统状态和故障的发光二极管 LED，如果 CPU 不确认此机架，则 LED 闪烁，出现这种情况可能是连接电缆没接好或者是串行连接的 IM361 关掉了。具有发送和接受功能的接口模块 IM361，用于 S7—300 的机架 1～机架 3 的扩展，通过连接电缆把数据从 IM360 接收到 IM361 或者从一个 IM361 传到另一个 IM361。IM361 和 IM361 之间的最大距离也为 10m。IM361 不仅提供数据传输功能，还将 24V 直流电压转换为 5V 直流电压，给所在机架的背板总线提供直流 5V 电源，供电电流不超过 1.2A。所以，每个机架所能安装的模块数量除了不能大于 8 外，还要受到背板总线 5V 电源供电电流的限制，即每个机架上各模块消耗的 5V 电流之和应小于该机架最大的供电电流。

2. S7—300 系统模块地址的分配

根据机架上模块的类型，地址可以为输入（I）或输出（O）。数字 I/O 模块每个槽划分为 4Byte（32bit 等于 32 个 I/O 点）。模拟 I/O 模块每个槽划分为 16Byte（等于 8 个模拟量通道），每个模拟量输入通道或输出通道的地址总是一个字（2Byte）地址。在机架 0 的第一个信号模块槽（槽位 4）的地址为 0.0～3.7，一个 16bit 的输入模块只占用 0.0～1.7，地址 2.0～3.7 未用。

图 1-7 中所示的 S7—300 系统，它的数字 I/O 默认地址分配如表 1-3 所示，模拟 I/O 默认地址分配如表 1-4 所示。

表 1-3 S7—300 扩展系统数字 I/O 默认地址

机架 3	接口模块 IM361	96.0～ 99.7	100.0～ 103.7	104.0～ 107.7	108.0～ 111.7	112.0～ 115.7	116.0～ 119.7	120.0～ 123.7	124.0～ 127.7
机架 2	接口模块 IM361	64.0～ 67.7	68.0～ 71.7	72.0～ 75.7	76.0～ 79.7	80.0～ 83.7	84.0～ 87.7	88.0～ 91.7	92.0～ 95.7
机架 1	接口模块 IM361	32.0～ 35.7	36.0～ 39.7	40.0～ 43.7	44.0～ 47.7	48.0～ 51.7	52.0～ 55.7	56.0～ 59.7	60.0～ 63.7
机架 0 CPU 电源	接口模块 IM360	0.0～ 3.7	4.0～ 7.7	8.0～ 11.7	12.0～ 15.7	16.0～ 19.7	20.0～ 23.7	24.0～ 27.7	28.0～ 31.7

图 1-8 为两个机架构成的扩展系统例子，4 块信号模块分别安装在两个机架上。数字量输入模块 SM321 装在机架 0 的槽位 4 上，16bit 数字量输入地址为 0.0，0.1，…，0.7，1.0，1.1，…，1.7；模拟量输入模块 SM331 装在机架 0 的槽位 5 上，4 路模拟量输入字地址为 272，274，276，278；数字量输出模块 SM322 装在机架 1 的槽位 4 上，16bit 数字量输出地址为 32.0，32.1，…，32.7，33.0，33.1，…，33.7；模拟量输出模块 SM332 装在机架 1 的槽位 5 上，4 路模拟量输出字地址为 400，402，404，406。

表 1-4   S7—300 扩展系统模拟 I/O 默认地址

机架 3	接口模块 IM361	640— 655	656— 671	672— 687	688— 703	704— 719	720— 735	736— 751	752— 767
机架 2	接口模块 IM361	512— 527	528— 543	544— 559	560— 575	576— 591	592— 607	608— 623	624— 639
机架 1	接口模块 IM361	384— 399	400— 415	416— 431	432— 447	448— 463	464— 479	480— 495	496— 511
机架 0 CPU 电源	接口模块 IM360	256— 271	272— 287	288— 303	304— 319	320— 335	336— 351	352— 367	368— 383

机架 1			接口模块 IM361	16bit 数字量输出 SM322	4 路 模拟量输出 SM332
机架 0	电源模块 PS307	CPU 模块 314	接口模块 IM361	16bit 数字量输入 SM321	4 路 模拟量输入 SM331

图 1-8   系统模块安装实例

1.3   SIMATIC S7—300 编程软件 STEP 7

1.3.1   SIMATIC STEP 7 软件平台

STEP 7 是西门子 SIMATIC 工业软件的组成部分，是西门子 S7—300 系列 PLC 的组态和编程标准软件平台。STEP 7 中集成了多种编程语言，编程语言和语言表达式符合 IEC61131—3 标准。

使用 STEP 7 软件，可以在一个项目中创建 S7 程序。包括一个供电单元、一个 CPU 以及输入和输出模块（I/O 模块）的 S7 可编程序控制器，通过创建的程序监控机器。图 1-9 展示了程序、可编程序控制器、受控制机器三者之间的连接。

STEP 7 软件推荐的安装运行环境为奔腾Ⅲ以上处理器及 Windows2000、Windows NT 或 Windows XP 专业版操作系统。其窗口设置、菜单功能和操作方式与其他流行的 Windows 应用软件完全一致，这里不再详细介绍。

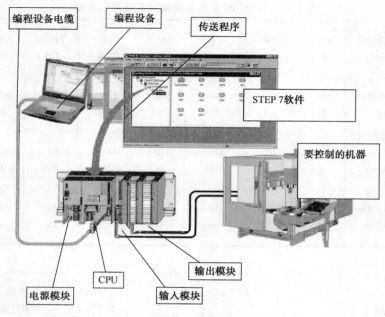

图 1-9 程序、可编程序控制器、受控制机器的关系

1.3.2 符号表（Symbols）

在创建项目时，在［S7 Program］文件夹内会自动生成一个空的［Symbols］（符号表）。该表用于存放用户定义的符号地址。

1. 绝对地址

绝对地址是 STEP 7 分配给各个数据存储单元的标识符，它是由"字母＋数字"构成的。如 I 0.0、Q 4.2、M 10.0 等。对于绝对地址，用户只可使用，不可改变，但用户可以根据需要给绝对地址赋予符号名，即符号地址。

2. 符号地址

符号地址是用户根据编程的需要，为了增加程序的可读性，对其所使用的绝对地址赋予的符号名。符号地址既可以用英文、德文表示，也可以用中文表示。用户对绝对地址定义符号地址的过程是在符号表中进行的，定义完成后，要保存才能生效。

对于用户定义的绝对地址，在程序中可以用符号地址的方式显示，增加了程序的可读性。当然，在程序中，地址是以绝对地址方式显示还是以符号地址的方式显示，是可以通过命令菜单来设置的。但前提必须是在符号表中已经定义过的相应的符号地址，否则，只能以绝对地址方式显示。符号地址并不会通过下载操作下载到 CPU 中，即 CPU 并不实际执行符号地址，CPU 只执行绝对地址。

3. 符号表中允许使用的地址及其数据类型

在整个符号表中只能使用一套属于同一标准的助记符。STEP 7 为用户准备了两套助记符：一套是 IEC 标准的；另一套是 SIMATIC 标准的。在操作中用户究竟采用哪一种标准，可以通过命令设定。操作方法如下：

1）在［SIMATIC Manager］窗口中，选择［Options］ → ［Customize］命令，或者用组合键［Ctrl + Alt + E］。

2）在打开的窗口［Customize］中，选择［Language］标签，在［Mnemonics］选项中，选择自己需要的语言，用户可以通过此种方法在 SIMATIC（德语）和 IEC（英语）两套助记符之间进行切换。STEP 7 助记符内容及说明如表 1-5 所示。

表 1-5　STEP 7 助记符内容及说明

IEC	SIMATIC	说　明	数 据 类 型	地 址 范 围
I	E	Input bit 输入位	BOOL	0.0 ~ 65535.7
IB	EB	Input Byte 输入字节	BYTE，CHAR	0 ~ 65535
IW	EW	Input Word 输入字	WORD，INT，S5TIME	0 ~ 65534
ID	ED	Input Double Word 输入双字	DWORD，DINT，REAL， TOD，TIME	0 ~ 65532
Q	A	Output bit 输出位	BOOL	0.0 ~ 65535.7
QB	AB	Output Byte 输出字节	BYTE，CHAR	0 ~ 65535
QW	AW	Output Word 输出字	WORD，INT，S5TIME	0 ~ 65534
QD	AD	Output Double Word 输出双字节	DWORD，DINT，REAL， TOD，TIME	0 ~ 65532
M	M	Memory bit 中间存储位	BOOL	0.0 ~ 255.7
MB	MB	Memory Byte 中间存储字节	BYTE，CHAR	0 ~ 255
MW	MW	Memory Word 中间存储字	WORD，INT，S5TIME	0 ~ 254
MD	MD	Memory Double Word 中间存储双字	DWORD，DINT，REAL， TOD，TIME	0 ~ 252
PIB	PEB	Peripheral Input Byte 外部输入字节	BYTE，CHAR	0 ~ 65535
PQB	PAB	Peripheral Output Byte 外部输出字节	BYTE，CHAR	0 ~ 65535

续表

IEC	SIMATIC	说　　明	数据类型	地址范围
PIW	PEW	Peripheral Input Word 外部输入字	WORD，INT，S5TIME	0~65534
PQW	PAW	Peripheral Output Word 外部输出字	WORD，INT，S5TIME	0~65534
PID	PED	Peripheral Input Double Word 外部输入双字	DWORD，DINT，REAL， TOD，TIME	0~65532
PQD	PAD	Peripheral Output Double Word 外部输出双字	DWORD，DINT，REAL， TOD，TIME	0~65532
T	T	Timer 定时器	TIMER	0~255
C	Z	Counter 计数器	COUNTER	0~255
FB	FB	Function Block 功能块	FB	0~65535
OB	OB	Organization Block 组织块	OB	0~65535
DB	DB	Data Block 数据块	OB，FB，SFB，UDT	0~65535
FC	FC	Function 功能	FC	0~65535
SFB	SFB	System Function Block 系统功能块	SFB	0~65535
SFC	SFC	System Function 系统功能	SFC	0~65535
VAT	VAT	Variable Table 变量表		0~65535
UDT	UDT	User-define Data Type 用户自定义数据类型	UDTD	0~65535

1.3.3　STEP 7 用户程序的结构

　　STEP7 继承了 STEP5 语言结构化程序设计的优点，用文件块的形式管理用户编写的程序及程序运行所需的数据。如果这些文件块是子程序，则可以通过调用语句，将它们组成结构化的用户程序。PLC 的控制程序组织明确、结构清晰，且易于修改。

　　通常用户程序是由组织块（OB）、功能块（FB）、功能（FC）和数据块（DB）等构成的，各种文件块的功能如表 1-6 所示。

表1-6 各种文件块的功能

文 件 块	功 能
组织块（OB）	组织块（OB）决定用户应用程序的结构。主要完成下列功能： （1）作为系统操作程序与用户应用程序的接口 （2）对自动化系统的运行、循环或中断程序的处理、错误处理等做出控制
系统功能块（SFB） 系统功能（SFC）	系统的预设组件，用户使用时无须自行编程。S7 系列 PLC 已经将 SFB 和 SFC 集成在 CPU 中了，用户可以在应用程序中对其进行直接调用
功能（FC） 功能块（FB）	编程组件，实际上就是用户程序子程序。功能块（FB）使用内存实现参数传递，数据在 FB 结束时能够继续保持；功能（FC）也能够进行参数传递，但数据不进行存储，所以在调用 FC 后必须立即处理初始值
数据块（DB）	用于存储用户程序所需要的数据或变量，主要有： （1）情景数据块，由所属的功能块（FB）进行分配 （2）全局数据块，可以被所有的编程组件调用

其中，OB 是系统操作程序与用户应用程序在各种条件下的接口界面，用于控制程序的运行。根据操作系统调用的条件（如时间中断、报警中断等）OB 可以分成几种类型，这些类型有不同的优先级，高优先级的 OB 可以中断低优先级的 OB。每个 S7 系列的 CPU 包含一套可编程序的 OB（随 CPU 不同而不同），不同的 OB 执行特定的功能。OB1 是主程序循环块，在任何情况下，它都是需要的。根据过程控制的复杂程度，可将所有程序放入 OB1 中进行线性编程，或将程序用不同的逻辑块加以结构化，通过 OB1 调用这些逻辑块。图 1-10 是一个 STEP 7 调用实例。

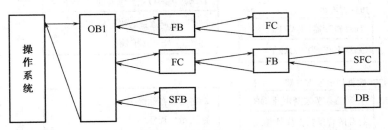

图 1-10 STEP 7 调用实例

除了 OB1，操作系统可以调用其他的 OB 以响应确定事件。其他可用的 OB 随所选用 CPU 的性能和控制过程的要求而定。

功能块（FB）和功能（FC）实际是用户子程序。功能块（FB）有一个数据结构与该功能块的参数表完全相同的背景数据块（Instance Data Block，IDB）附属于该功能块，并随着功能块的调用而打开，随着功能块的结束而关闭。存放在背景数据块中的数据在 FB 块结束时继续保持，也即被"记忆"。功能 FC 没有背景数据块，当 FC 完成操作后数据不能保持。

S7 系列的 CPU 还提供标准系统功能块（SFB、SFC），它们是预先编好的，经过测试集成在 S7—CPU 中的功能程序库。用户可以直接调用它们，高效地编制自己的程序。由于它们是操作系统的一部分，不需将其作为用户程序下载到 PLC 中。与 FB 块相似，SFB 需要一个背景数据块，并将此 IDB 块作为程序的一部分安装到 CPU 中。不同的 CPU 提供不同的 SFB、SFC 功能。

系统数据块（SDB）是为存放 PLC 参数所建立的系统数据存储区。用 STEP7 组态软件可以将 PLC 组态数据和其他操作参数存放于 SDB 中。

1.3.4 S7—300 PLC 的存储区

S7—300 PCL CPU 有三个基本存储区，如图 1-11 所示。

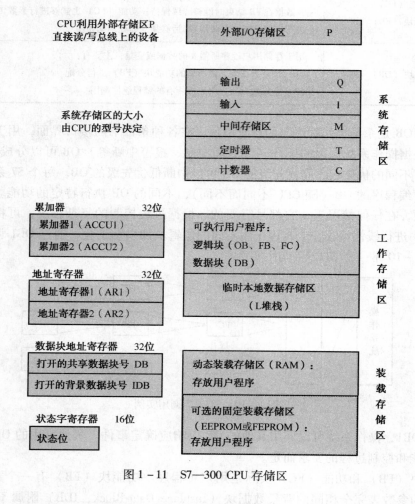

图 1-11 S7—300 CPU 存储区

1）系统存储区：RAM 类型，用于存放操作数据（I/O、位存储、定时器、计数器）。

2）装载存储区：物理上是 CPU 模块的部分 RAM，加上内置的 EEPRROM 或选用的可拆卸 FEPROM 卡，用于存放用户程序。

3）工作存储区：物理上占用 CPU 模块中的部分 RAM，其存储内容是 CPU 运行时，所执行的用户程序单元（逻辑块和数据块）的复制件。

CPU 工作存储区也为程序块的调用安排了一定数量的临时本地数据存储区或称 L 堆栈。L 堆栈中的数据在程序块工作时有效，并一直保持，当新的块被调用时，L 堆栈重新分配。

图 1–13 也表明，S7 CPU 还有两个累加器、两个地址寄存器、两个数据块地址寄存器和一个状态字寄存器。CPU 程序所能访问的存储区为系统存储区的全部、工作存储区的数据块 DB、暂时局部数据存储区、外围设备 I/O 存储区（P）等，其功能如表 1–7 所示。

表 1–7　程序可访问的存储区及其功能

名　　称	存　储　区	存储区功能
输入（I）	过程输入映像	扫描周期开始，操作系统读取过程输入值并存入本区域，在处理过程中程序使用这些值 每个 CPU 周期内，输入存储区在输入映像中所存放的输入状态值，它们是外部输入存储区前 128Byte 的映像
输出（Q）	过程输出映像	在扫描周期中，程序计算输出值并存放入该区域中，在扫描周期结束后，操作系统从过程输出映像中读取输出值，并传送到过程输出口，过程输出映像是外部输出存储区前 128Byte 的映像
中间存储区（M）	存储位	存储程序运算的中间结果
外部输入（PI） 外部输出（PQ）	I/O：外围设备输入 I/O：外围设备输出	外围设备存储区允许直接访问现场设备（物理的或外部的输入和输出）。 外部存储区可以是字节、字和双字格式，但不能以位方式访问
定时器（T）	定时器	为定时器提供存储区 计时时钟访问该存储区中的计时单元，并以减法方式更新计时值。 定时器指令可以访问该存储区中的计时单元
计数器（C）	计数器	为计数器提供存储区，计数指令访问该存储区
临时本地数据	本地数据堆栈 （L 堆栈）	在 FB、FC 或 OB 运行时设定的或是在块变量声明表中声明的暂时变量，被存入该区域中，同时该区域也提供空间以传送某些类型参数和存放梯形图的中间结果。块结束执行时，临时本地存储区将被再行分配。不同的 CPU 提供不同数量的临时本地存储区
数据块（DB）	数据块	DB 存放程序数据信息，可以被所有逻辑块共用，也可以是被某个 FB 特定占用的"背景数据块"

外部输入（PI）和外部输出（PQ）存储区除了和 CPU 的型号有关外，还和具体的 PLC 应用系统的模块配置相联系，其最大范围为 64KB。

CPU 可以通过输入（I）和输出（Q）过程映像存储区访问 I/O 接口。输入映像前 128Byte 是外部输入存储区（PI）前 128Byte 的映像，是在 CPU 循环扫描中读取输入状态时装入的。输出映像的前 128Byte 是外围设备输出存储区（PQ）的前 128Byte 的映像。CPU 在写输出时，可以将数据直接输出到外部输出存储区（PQ），也可以将数据传送到输出映像，在 CPU 循环扫描更新输出状态时，将输出映像的值传送到物理输出。

第 2 章　S7—300 系列可编程控制器的基础编程

2.1　STEP 7 编程软件的使用

STEP 7 标准工业软件是德国 SIEMENS 公司专为 SIMATIC 系列中 S7—300 型和 S7—400 型的可编程序控制器编写的标准编程软件，可使用梯形图、语句表和功能块图进行控制程序的编写。

2.1.1　SIMATIC 管理器的启动和项目的创建

SIMATIC 管理器是 STEP 7 的中央窗口，在 STEP 7 启动时激活。缺省设置将启动 STEP 7 启动向导，如图 2-1 所示，它可以在创建 STEP 7 项目时提供支持。用项目结构来按顺序存储和排列所有的数据和程序。

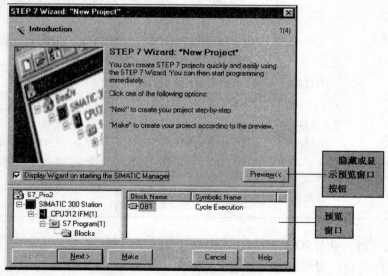

图 2-1　STEP 7 启动向导

双击 Windows 桌面上的 SIMATIC Manager 管理器图标，如果向导没有自动启动，请选择菜单命令文件 > "新建项目"向导。

在预览中，可以显示或隐藏正在创建的项目结构的视图。若要转到下一个对话框，则单击 "Next"（下一步）按钮进入 CPU 设定的窗口，如图 2-2 所示。

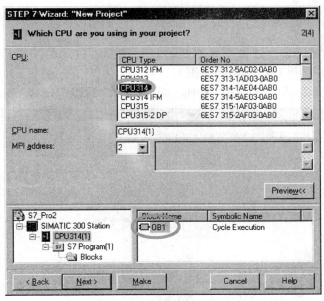

图 2 – 2　CPU 设定的窗口

　　每个型号的 CPU 都有某些特性，例如，关于其存储器组态或地址区域，这也是为什么在编程前必须要按照实际的可编程序控制器选择 CPU 型号。图 2 – 2 中设定的 CPU 型号为 CPU314。

　　为了使 CPU 与编程设备或 PC 之间进行通信，需要设置 MPI 地址（多点接口）。MPI地址的缺省设置为 2（可以在 2 ~ 31 之间进行选择）。

　　图 2 – 2 中显示项目的默认组织块只有 OB1，在单击"Next"按钮后，将进入组织块设定窗口，可以对组织块进行专门的设置，如图 2 – 3 所示。

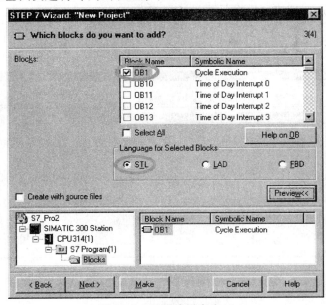

图 2 – 3　组织块设定窗口

在图2-3中，可以根据实际需要勾选相应的组织块，已经选择的组织块可在下方的预览窗口显示出来。

在组织块设定窗口中，还能对编程语言进行选择。可选的编程语言有：STL（语句表）、LAD（梯形图）和FBD（功能块图）。

全部设定完成后，单击"Next"按钮，进入项目名称设定窗口，如图2-4所示。

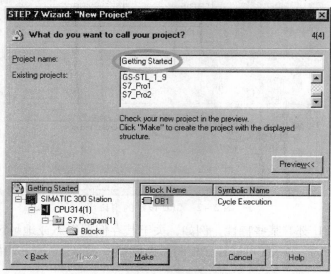

图2-4　项目名称设定窗口

完成项目名称输入后，单击"Make"按钮，全部创建设定就完成了，程序将打开图2-5所示的"Getting Started"项目窗口，从这里可以启动所有的STEP 7功能和窗口，并可以通过按F1键调用在线帮助。

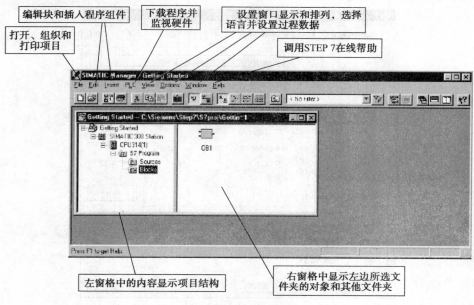

图2-5　"Getting Started"项目窗口及说明

2.1.2 符号表编辑

STEP 7 允许采用符号地址编程。在符号表中，可以为所有要在程序中寻址的绝对地址分配符号名和数据类型；例如，为输入 E 1.0 分配符号名 Key1。因为每个 S7 程序只能生成一个符号表，所以这些名称可以用在程序的所有部分，即是所说的全局变量。

使用符号编程可以大大地提高已创建的 S7 程序的可读性。用符号编辑器编写符号表的方法如下：

1）在"Getting Started"项目窗口查找到 S7 Program（1），然后双击打开 Symbols 符号组件，如图 2-6 所示。

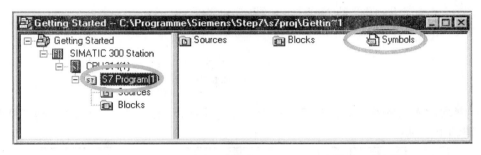

图 2-6 符号表组件在项目窗口中的图标

2）当前符号表中只包括预定义的组织块 OB1，如图 2-7 所示。

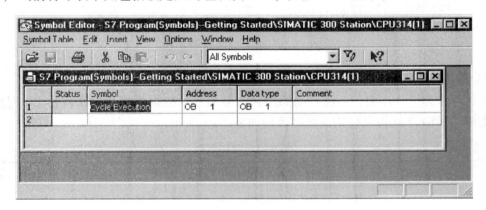

图 2-7 符号表窗口

3）单击"Symbol"栏中的 Cycle Execution（符号名称），用 Main Program 作为新的符号名称，将其重写，如图 2-8 所示。

	Status	Symbol	Address	Data type
1		Cycle Execution	OB 1	OB 1
2				

图 2-8 符号名称的改写

4）单击空白位置，可输入新的符号。如图 2-9 所示，在第二行输入"Green Light"和"Q 4.0"。STEP 7 程序将自动添加数据类型（Data Type），也可以手工进行修改。

	Status	Symbol	Address		Data type	
1		Main Program	OB	1	OB	1
2		Green Light	Q	4.0	BOOL	

图 2-9　新符号的添加

5）添加注释。如图 2-10 所示，单击第一行或第二行的 Comment（注释栏），为符号输入注释。完成一行后按回车键，自动添加一新行。

Comment

图 2-10　注释栏

6）继续输入新的符号，如图 2-11 所示，在第三行输入"Red Light"和"Q 4.1"，按回车键结束该项。

	Status	Symbol	Address		Data type	
1		Main Program	OB	1	OB	1
2		Green Light	Q	4.0	BOOL	
3		Red Light	Q	4.1	BOOL	

图 2-11　符号表的继续输入

7）按 ▣ 按钮，保存符号表中已经完成的输入或修改，并关闭窗口。

在第 4 步和第 6 步中，系统自动添加到符号表中的数据类型决定了将由 CPU 处理的信号类型。STEP 7 还可以使用的数据类型如表 2-1 所示。

表 2-1　数据类型

BOOL BYTE WORD DWORD	这种类型的数据是位的组合。1 位（布尔型）至 32 位（双字型）
CHAR	这种类型的数据只占 ASCII 字符集中的一个字符
INT DINT REAL	它们可用于处理数值（如计算数学表达式）
S5TIME TIME DATE TIME_OF_DAY	这种类型的数据在 STEP 7 中代表不同的时间和日期值（如设定日期或为定时器输入时间值）

2.1.3 在 OB1 中创建控制程序

1. 打开 LAD/STL/FBD 编辑器窗口

在 STEP 7 中，允许使用梯形图（LAD）、语句表（STL）或功能块图（FBD）编辑器，生成 S7 应用控制程序。在实际使用中，必须预先设定使用哪种语言编辑器，设定的方法已经在第 2.1.1 节创建项目窗口中介绍了，也可以在 LAD/STL/FBD 编辑窗口（见图 2 – 14）中的 View 菜单中进行选择。

三种编程语言的实例以及适用对象用户如图 2 – 12 所示。

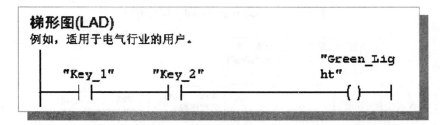

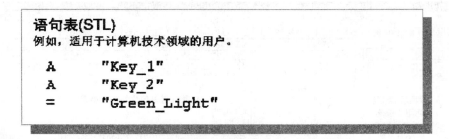

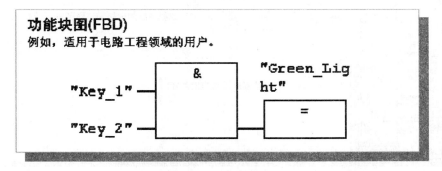

图 2 – 12 三种编程语言的实例以及适用对象用户

双击图 2 – 13 所示"Getting Started"项目窗口中的 OB1，就可以打开 LAD/STL/FBD 编辑窗口（见图 2 – 14）。所有的块都是在 LAD/STL/FBD 编程窗口中进行编辑。

2. 用梯形图（LAD）编辑器编辑组织块 OB1

利用编程工具条上的按钮，如图 2 – 15 所示，可以方便地绘制出梯形图程序。

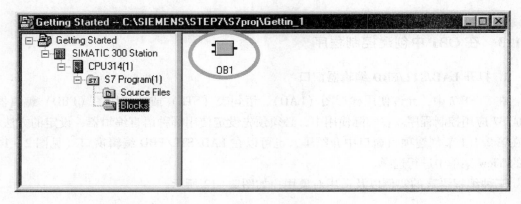

图 2-13 "Getting Started" 项目窗口

图 2-14 LAD/STL/FBD 编辑窗口

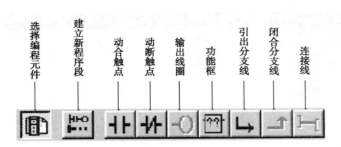

図 2 - 15　编程工具条上按钮的说明

3. 用语句表（STL）编辑器编辑组织块 OB1

在 LAD/STL/FBD 窗口中，单击 View 菜单，设定编程语言为 STL，如图 2 - 16 所示。根据需要，将语句表逐条输入或对已有程序进行编辑。在语句表输入过程中，如果使用了符号表中不存在的符号地址，或者是输入语法错误，则会显示为红色。

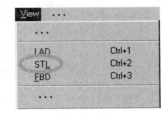

图 2 - 16　在 View 菜单中选择 STL 编程语言

4. 用功能块图（FBD）编辑器编辑组织块 OB1

在 LAD/STL/FBD 窗口中，单击 View 菜单，设定编程语言为 FBD 后，按"选择编程元件"按钮，与编程工具条配合，再输入编程元件的地址；如果使用符号地址，则可以通过 Options 菜单，选择 LAD/FBD 标签中的"Width of address field"，设定每行符号地址的最大字符数（10~24 个）。

2.1.4　创建一个具有功能块和数据块的程序

1. 创建并打开功能块（FB）

功能块（FB）在程序的体系结构中位于组织块之下。它包含程序的一部分，这部分程序在 OB1 中可以被多次调用。功能块的所有形式参数和静态数据都存储在一个单独的、被指定给该功能块的数据块（DB）中。

创建一个功能块的方法如图 2 - 17 所示，在"Getting Started"项目窗口中找到 Blocks 文件夹，并双击打开，然后右击右边窗口的空白处，出现的弹出菜单中包含菜单栏中最重要的命令，选择"插入一个功能块"（Insert New Object）作为新对象。

随后将出现图 2 - 18 所示的"功能块属性"设置窗口，在设置窗口中可以对编程语言（Greated in Language）进行选择，同时应激活"多重背景 FB"（Multiple Instance Capability）的选择框。除此以外，还可以对功能块的名称、符号名称等进行设置。最后按"OK"按钮，确认其余的设置并加以保存，将功能块 FB1 插入到 Blocks 文件夹中，如图 2 - 19 所示。

在图 2 - 19 中，双击 FB1，即可打开 LAD/STL/FBD 编程窗口，对 FB1 进行编程或修改。

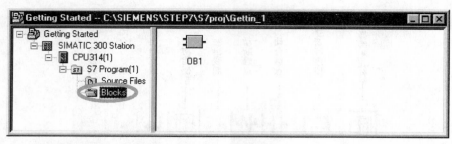

图 2 - 17　创建一个功能块的方法

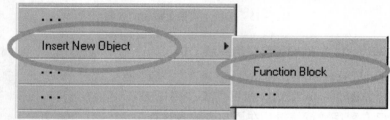

图 2 - 18　"功能块属性"设置窗口

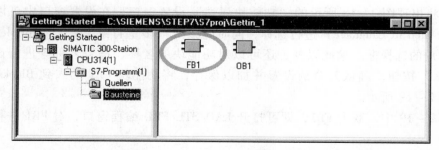

图 2 - 19　插入功能块以后的项目窗口

2. 生成背景数据块和修改实际值

成功编写了功能块FB1，并且还在变量声明表中定义了相关的参数后，为了以后能在OB1中编写指令调用此功能块，必须生成相应的数据块。一个背景数据块（DB）总是被指定给一个功能块。

比如，某个功能块是用于控制和监视一台汽油或柴油发动机。不同的发动机的预设速度分别存储在两个数据块中，可在相应的数据块中修改实际值。这样通过一次性集中编写功能块，可以减少相关的编程量。

具体操作步骤如下：

1）在SIMATIC管理器中打开项目"Getting Started"，如图2-20所示。打开其中的Blocks文件夹，并用鼠标右击右窗口空白处。

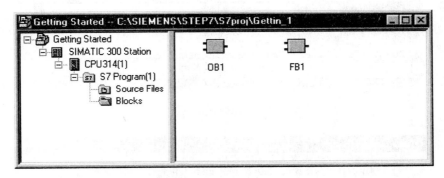

图2-20 "Getting Started"项目窗口

2）右击鼠标后，通过弹出菜单插入一个数据块，如图2-21所示。

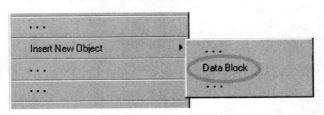

图2-21 通过右击菜单插入数据块（DB）

3）如图2-22所示，在"数据块属性"对话框中，使用名称DB1，然后在相邻的下拉列表中选择应用程序"背景DB"（Instance DB），并应用所分配的功能块名"FB1"。确认"属性"对话框中的所有设置。数据块DB1被添加到"Getting Started"项目中。

4）双击打开DB1，出现如图2-23所示的对话框。单击"是"（Yes）确认。

5）在随后弹出的设置窗口，如图2-24所示，在"实际值"栏中可以对数值进行修改。

6）保存DB1，并关闭编程窗口。

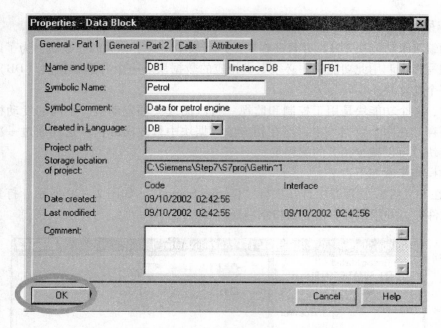

图2-22　"数据块属性"对话框

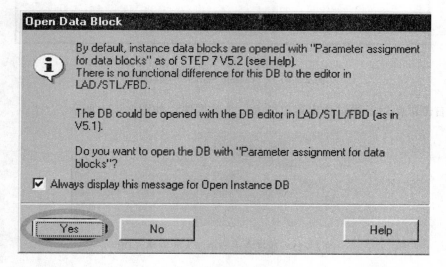

图2-23　打开数据块时出现的对话框

	Address	Declaration	Name	Type	Initial value	Actual value	Comment
1	0.0	in	Switch_On	BOOL	FALSE	FALSE	Switch on engine
2	0.1	in	Switch_Off	BOOL	FALSE	FALSE	Switch off engine
3	0.2	in	Failure	BOOL	FALSE	FALSE	Engine failure, causes the engine to switch off
4	2.0	in	Actual_Speed	INT	0	0	Actual engine speed
5	4.0	out	Engine_On	BOOL	FALSE	FALSE	Engine is switched on
6	4.1	out	Preset_Speed_Reached	BOOL	FALSE	FALSE	Preset speed reached
7	6.0	stat	Preset_Speed	INT	1500	1500	Requested engine speed

图2-24　数据块设置窗口

3. 编辑组织块（OB1）实现功能块（FB1）的调用

只有当组织块对功能块进行调用，功能块中所描述的功能才能被实现。组织块 OB1、功能块 FB1 和数据块 DB1、DB2 之间的关系如图 2 – 25 所示。

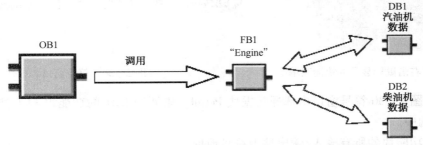

图 2 – 25 组织中 OB1、功能块 FB1 和数据块 DB1、DB2 之间的关系

用梯形图编辑器编辑 OB1 的过程如下：

1）在 SIMATIC 管理器中查找到"Getting Started"项目，双击打开其 Blocks 文件夹中的组织块 OB1，如图 2 – 26 所示。

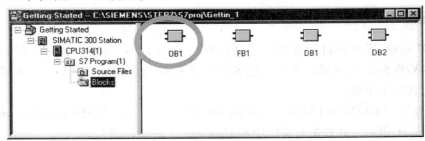

图 2 – 26 SIMATIC 管理器

2）单击梯形图编辑器快捷按钮 ，在 LAD/STL/FBD 编程窗口插入程序段。

3）单击编程元件按钮 ，在编程元件目录 FB Blocks 中找到 FB1 Engine，如图 2 – 27 所示，并双击，将其插入到梯形图中。

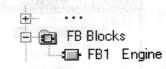

图 2 – 27 编程元件目录

4）在以下各项前面插入一个常开触点：Switch_On、Switch_Off 和 Fault，如图 2 – 28 所示。

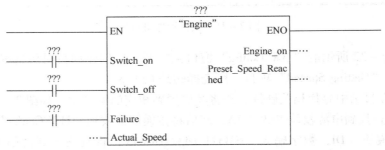

图 2 – 28 梯形图编辑器中调用 DB1 的功能块 FB1

5）用鼠标右击图2-28中"Engine"上面的"???"符号，在显示的快捷菜单中单击插入符号，如图2-29所示。将会出现一个下拉列表，如图2-30所示。

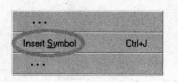

图2-29　右击鼠标显示的快捷菜单　　　　　　　　　　图2-30　符号窗口

6）在图2-30符号窗口中选择数据块Petrol，则调用DB1的功能块FB1被自动导入到输入结构中。

7）为功能块的所有输入/输出填上符号地址。

8）存盘后关闭编程窗口。

9）按照（1）~（8）所示步骤，重新编写使用数据块DB2的功能块FB1的调用指令。

10）单击 ，保存程序并关闭块。

2.1.5　配置中央机架

某个S7—300系统硬件配置如下：CPU 314、PS307 2A、SM321DI32xDC24V、SM322 DO32xDC24V/0.5A。这些硬件可以通过STEP7进行组态，然后下载到PLC的存储器中。组态过程包含如下步骤：

1）打开了SIMATIC管理器和"Getting Started"项目。打开SIMATIC 300 station文件夹，如图2-31所示，并双击右窗口中的Hardware（硬件）符号。

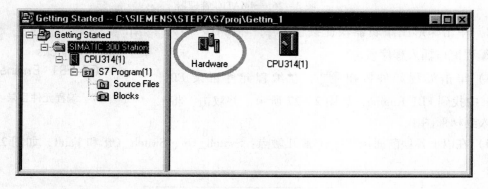

图2-31　项目管理窗口

2）如图2-32所示的"HW Config"窗口被打开。在创建项目时所选择的CPU将显示出来。对于"Getting Started"项目，所选择的是CPU 314。

3）在硬件目录中寻找相关硬件，并将其放置到相应的插槽中，如图2-33所示。

在目录中查找到电源模块PS307 2A，然后将该模块拖放到"HW Config"左上窗口的插槽1；输入模块（DI，数字输入）SM321 DI32xDC24V，将其拖放到插槽4；输出模块（DO，数字输出）SM322 DO32xDC24V/0.5A拖放到插槽5；插槽3保留为空。

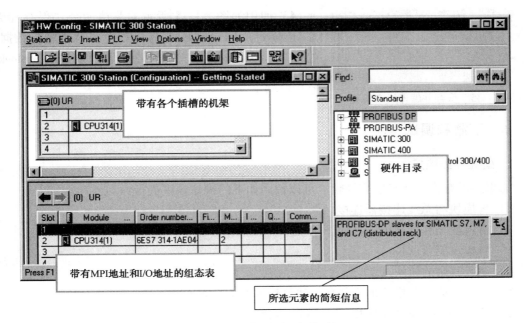

图 2 – 32 "HW Config" 窗口

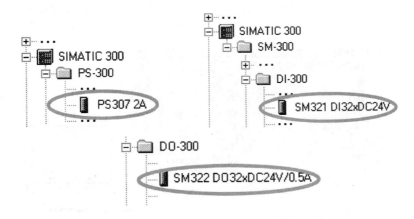

图 2 – 33 硬件目录中显示的相关硬件型号

完成拖放后，组态表显示，如图 2 – 34 所示。

Slot	Module	Order Number	MPI Address	I Add...	Q...	Comment
1	PS307 2A	6ES7 307-1BA00-0AA0				
2	CPU314(1)	6ES7 314-1AE04-0AB0	2			
3						
4	DI32xDC24V	6ES7 321-1BL00-0AA0		0...3		
5	DO32xDC24V/0.5A	6ES7 322-1BL00-0AA0			4...7	
6						
7						
8						
9						
10						
11						

图 2 – 34 硬件插槽位置确定后的组态表

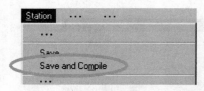

图2-35　保存并编译组态设置

4）使用如图2-35所示的菜单命令"保存和编译"（Save and Compile），为向CPU传送准备好数据。关闭"HW Config"窗口，在项目管理窗口中，Blocks文件夹中将会出现系统数据的符号。

2.1.6　下载和调试程序

1. 建立在线连接

如果还没有将模块组装到导轨，可以按照如下的操作顺序进行：

1）将模块与总线连接器连接。

2）将模块挂在导轨上，并向下摆动。

3）将模块旋紧就位。

4）组装其余的模块。

5）一旦完成所有模块的组装后，请将钥匙开关插在CPU上。

在线连接完成后的系统如图2-36所示。

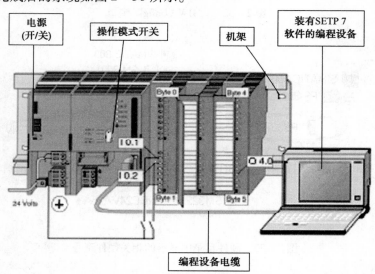

图2-36　建立在线连接的系统示意图

2. 下载程序到CPU

使用STEP 7提供的示例项目"GS-LAD_Example"或者使用用户自己创建的项目，如下步骤是展示如何将程序下载到可编程序控制器的CPU中，然后如何进行调试。

（1）接通电源

1）如图2-37所示为电源模块面板上的开关，将开关推至ON处接通电源，CPU上的"DC 5V"电源指示灯（LED）将点亮。

2）然后将图2-38所示的CPU模块面板上的操作模式开关转到STOP位置，CPU面板上的红色"STOP"指示灯（LED）将点亮。

图2-37 电源开关

图2-38 CPU操作模式开关

（2）复位 CPU，并且换到 RUN

1）将图2-38 中的操作模式开关转换到 M RES 位置并保持至少 3s，直到红色的"STOP"指示灯（LED）开始慢闪为止。

2）然后释放开关，并且最多在 3s 内将开关再次转到 M RES 位置。当"STOP" LED 快闪时，CPU 已经被复位。如果"STOP"指示灯（LED）没有开始快闪，则重复执行此过程。

此时，存储器复位功能将删除 CPU 上的所有数据，然后 CPU 就会进入初始状态。

（3）将程序下载到 CPU

1）现在将操作模式开关重新切换到"STOP"位置，以便下载程序。

2）在计算机桌面单击 SIMATIC Manager 快捷方式，打开 SIMATIC 管理器。单击快捷按钮，在"打开"对话框中选择需要执行的项目并打开。例如：示例项目"GS-LAD_Example"等。

3）在"View"菜单中，有"Offline"离线模式和"Online"在线模式两种窗口选择，如图2-39 所示。其中，在线模式是供调试时使用的，下载程序到 CPU 时应选择离线模式。

4）在离线窗口中选择 Blocks 文件夹，然后用"PLC"菜单命令中的"Download"下载选项，如图2-40 所示，按"OK"按钮对提示信息进行确认后，文件夹中的程序将全部下载到 CPU 中。

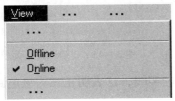

图2-39 "View"菜单

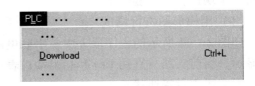

图2-40 "PLC"菜单

（4）接通 CPU，并检查操作模式

将 CPU 模块面板上的操作开关转到如图2-41 所示的 RUN P 位置。绿色的"RUN"指示灯（LED）点亮，而红色的"STOP"指示灯（LED）熄灭。CPU 的操作准备工作就绪。

图2-41 CPU操作模式开关

当绿色指示灯（LED）点亮时，就可以开始程序测试工作。

如果红色的指示灯（LED）仍然处于点亮状态，就说明有错误出现。需要通过评估诊断缓冲区来诊断错误。

3. 用程序状态测试程序

使用程序状态功能，可以在一个块中测试程序。要实现这一功能的前提是：已经建立了与 CPU 的在线连接，该 CPU 处于 RUN 模式或 RUN P 模式，并且程序已经下载。

1）在项目管理窗口的"View"菜单中，如图 2 – 39 所示，选择"Online"在线模式，打开如图 2 – 42 所示的项目管理窗口。

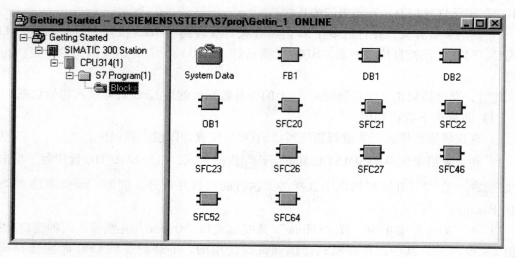

图 2 – 42   在线模式下的项目管理窗口

2）双击 OB1，打开 LAD/STL/FBD 编程窗口。

3）在 LAD/STL/FBD 编程窗口的"Debug"调试菜单中，选择"Monitor"监视选项，如图 2 – 43 所示。此时就可以对一个块进行程序测试了。

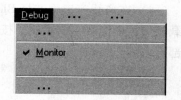

图 2 – 43   "Debug"菜单

（1）用梯形图进行调试

如图 2 – 44 所示的程序段 1 中，串联电路以梯形图的形式显示，当前支路一直到 Key 1（I 0.1）表示为一条绿色的实线，这表明正在为该电路供电，即实线表示接通状态。

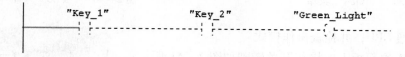

图 2 – 44   梯形图程序段调试示例

（2）用功能块图进行调试

如图 2 – 45 所示的程序段 2 中，信号状态由"0"和"1"来指示。虚线表示没有逻辑运算结果。

图2-45 功能块图程序段调试示例

（3）用语句表进行调试

如图2-46所示的程序段3中，以表格形式显示以下内容：逻辑运算结果（RLO）、状态位（STA）和标准状态（STANDARD）。

		RLO	STA	Standard
A	"Key_1"	0	0	0
A	"Key_2"	0	0	0
=	"Green_Light"	0	0	0

图2-46 语句表程序段调试示例

注：在测试过程中可以使用"选项"菜单>"自定义"选项来改变编程语言的表达方式。

如图2-47所示，测试组态电路实现串联（与）功能，即只有当键I0.1和I0.2都按下时，输出Q4.0才点亮（数字输出模块上的二极管Q4.0点亮）。现在，将测试组态中的两个开关都按下，在输入模块上的输入二极管I0.1和I0.2点亮。输出模块上的输出二极管Q4.0点亮。

在图形编程语言梯形图和功能块图中，如图2-48和图2-49所示，可以通过编程的程序段中线条类型和颜色的变化（绿色实线表示接通，虚线表示没有接通）来跟踪测试结果。图2-48和图2-49所示程序段中颜色变化显示该点逻辑运算结果是否满足要求。

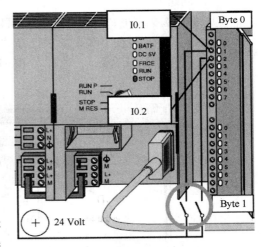

图2-47 测试组态电路实现串联（与）功能的线路连接

图2-48 梯形图执行结果

图2-49 功能块图执行结果

如图2-50所示，使用语句表编程语言，当逻辑运算结果满足要求时，STA栏和RLO栏中的显示内容将发生变化。

		RLO	STA	Standard	
A	"Key_1"	1	1		0
A	"Key_2"	1	1		0
=	"Green_Light"	1	1		0

图2-50　语句表执行结果

调试完成后，释放"Debug"菜单 > "Monitor"功能，并关闭窗口。然后关闭 SI-MATIC 管理器中的在线窗口。

4. 用变量表测试程序

和用程序状态测试一样，用户可以在变量表中监视程序段的输入和输出状态，具体步骤如下：

（1）创建变量表

1）在离线状态下，打开项目管理窗口，右击 Blocks 文件夹，在弹出菜单中选择"Insert New Object"，再在下级菜单中选择"Variable Table"（变量表），生成一个新的变量表 VAT_1（程序默认名称），这样在 Blocks 文件夹中生成了一个名称为 VAT_1 的变量表，如图2-51所示。

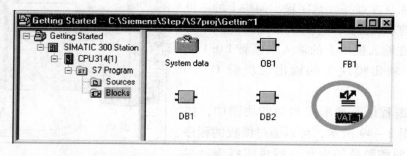

图2-51　项目管理窗口中的新建变量表图标

2）双击 VAT_1，打开如图2-52所示的"监视和修改变量"窗口。初始变量表是空白的，可根据需要逐个输入要进行监视的符号名或地址。

3）单击工具栏快捷按钮 ，保存变量表。

（2）将变量表切换到在线方式

1）单击"监视和修改变量"窗口工具栏快捷按钮 ，建立与已经组态的 CPU 之间的连接，此时窗口状态栏中就会显示出 CPU 的操作模式。

2）将 CPU 模块面板上的操作模式开关设置为 RUN P，如图2-53所示。

（3）监视变量

单击工具栏中的监视变量快捷按钮 ，对所设置的变量进行监视。

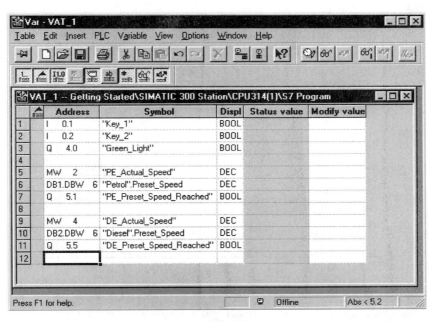

图 2 – 52　"监视和修改变量"窗口

（4）修改变量

如图 2 – 52 所示的"监视和修改变量"窗口的"Modify Value"栏中，可以输入修改值。修改完成后，单击工具栏中的"传送修改值"快捷按钮 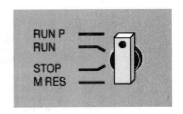，将修改的值传送到 CPU。

5. 评估诊断缓冲区

在极端情况下，在处理一个 S7 程序时，CPU 进入了 STOP 状态，或者当您下载程序后无法将 CPU 切换为 RUN 状态，您可以从诊断缓冲区的事件列表中判断出现故障的原因。

图 2 – 53　操作模式开关

实现这一功能的要求是：已经建立了与 CPU 的在线连接，并且 CPU 在 STOP 模式下。

具体步骤如下：

1）将 CPU 的操作模式开关转到 STOP。

2）在离线模式下打开项目管理窗口，选择 Blocks 文件夹。

3）点击窗口菜单命令 PLC，选择"Diagnose Hardware"（硬件诊断）选项，就可以打开如图 2 – 54 所示的硬件诊断对话框。所有可访问的 CPU 列在"诊断硬件"对话框中，处于 STOP 操作模式的 CPU 将高亮显示。

4）单击"Module Information"（模块信息）按钮，将弹出如图 2 – 55 所示窗口，对该 CPU 诊断缓冲区进行评估。

在"Module Information"窗口中选择 Diagnostic Buffer 标签，判断造成 CPU 进入 STOP 模式的原因。如果是由于编程错误造成 CPU 进入 STOP 模式，则选择该事件并单击"Open Block"按钮。该故障块就会在 LAD/STL/FBD 编程窗口中打开，同时出错的程序段将高亮显示。

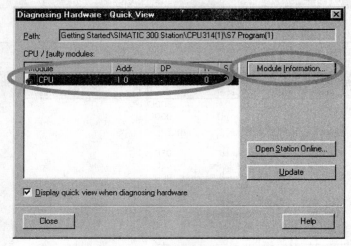

图 2 − 54　硬件诊断对话框

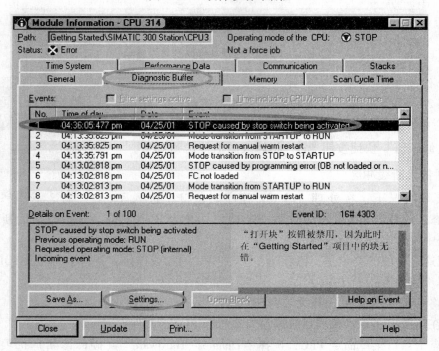

图 2 − 55　"Module Information"（模块信息）窗口

2.2　项目一　冲压机安全控制程序

2.2.1　项目描述

某台气压冲压机的气缸阀门只有以下三个条件中的任意一条得到满足时才能被打开。

1）两个手按开关必须同时被按下。

2）保护栅是关上的，并且脚踏开关闭合。

3）保护栅是关上的，并且两个手按开关中的任意一个闭合。

除了上述三个安全条件外，要想气缸供气，还必须满足冲压件在冲压槽内（由电感式传感器检测），以及系统电源开关接通的条件。

2.2.2　知识链接

1. 网络操作

在 STEP 7 软件中，所谓网络（Network）是指编程模块中的一个个子程序块。在使用语句表进行编程时，Network 中程序内容的多少将受到限制，即在一个 Network 中只能由一个逻辑结果进行一次赋值，如果要进行多次赋值，则必须将程序分成多个 Network，否则在存储程序时将报错，如图 2–56 所示。

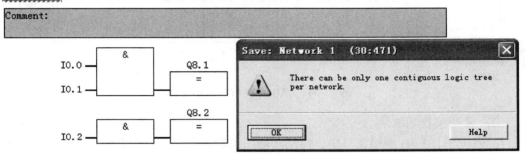

图 2–56　二次赋值错误及系统提示

（1）Network 的添加

使用工具栏中的"Network 添加"图标 ，即可进行 Network 的添加。

（2）Network 的删除

选中需要删除的 Network 标签，如图 2–57所示，被选中的 Network 标签显示锯齿状背景色，然后使用键盘上的"Delete"键，就可以将不需要的 Network 删除。

2. "功能图"编辑方式

在项目管理窗口中双击打开一个编程模块，启动 LAD/STL/FBD 编辑器，在 View 菜单中选择 FBD（功能图），就可以开始"功能图"编辑方式了。

（1）编程列表

编程列表是"功能图"编辑方式下经常使用的列表，如图 2–58 所示，如果在 LAD/

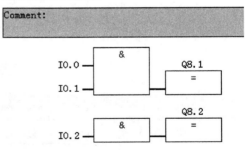

图 2–57　被选中的 Network 标签

STL/FBD 编辑窗口中看不到此列表，则可以单击工具栏中的编程列表图标。

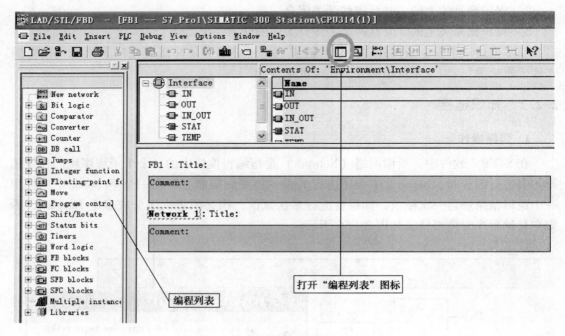

图 2-58　LAD/STL/FBD 编辑窗口

（2）常用编程功能块

在 LAD/STL/FBD 编辑窗口中，使用功能图编辑方式时，一些常用的编程功能块可以从工具栏中直接得到，一些较为复杂的编程功能块可以从编程列表中取得。如图 2-59 所示。

1）"与"逻辑功能块。单击该图标，在 Network 中增加一个"与门"。

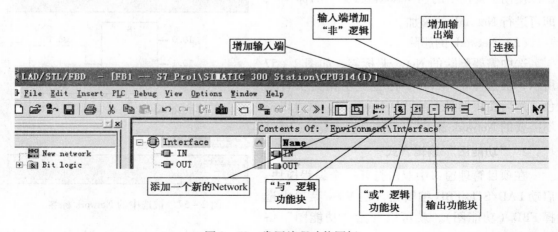

图 2-59　常用编程功能图标

2）"或"逻辑功能块。单击该图标，在 Network 中增加一个"或门"。

3）输出功能块。单击该图标，在 Network 中增加一个输出功能块。输出功能块是用于编程功能块的输出赋值。使用前，先选中想要进行输出赋值功能块的输出线，如图 2-60 所示；然后单击输出功能块快捷图标，这样就在输出线后增加了输出功能块。同时输出块的上方可以写入相应的操作数。

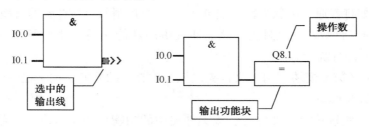

图 2-60　输出功能块的添加

4）增加输入端。当需要的输入变量个数大于功能块所提供的输入端口数时，就要增加输入端的数量。使用时，先选中需要增加输入端的功能块，然后单击"增加输入端"快捷图标即可。

5）输入端增加"非"逻辑。如果需要对某个输入变量取"非"时，则使用该快捷图标。使用时，先选中需要取"非"的输入线，然后单击快捷图标即可。

6）增加输出端。当某个功能块需要多个输出端时，使用该快捷图标。使用时，先选中需要增加输出端的功能块，然后单击"增加输出端"快捷图标即可。此时就会出现第二根输出线，如图 2-61 所示。

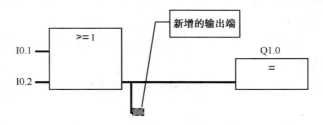

图 2-61　增加输出端后的功能块

7）连接。"连接"快捷图标的作用是将两个编程功能块的端口按需要连接起来。使用时，通过键盘上的 Shift 键选中两个要连接的端口，单击"连接"快捷图标，即可实现端口的连接。

（3）其他编程功能块

其他编程功能块在编程列表的文件夹中，如图 2-58 所示。使用时，只需要双击文件夹中的功能块图标，即可将该功能块添加到 Network 中。列表中的各个功能块此处不做详细叙述，后续实验项目中会对相关功能块进行详细介绍。此处仅对编程列表中常用的文件夹作简要说明。

1）bit logic（位逻辑运算）文件夹。位逻辑运算文件夹中包括各种位逻辑运算功能块，如"与"逻辑功能块、"或"逻辑功能块、"置位"功能块等。

2）Comparator（比较器）文件夹。该文件夹中的功能块都是用于对两个数据（变量或常量均可）进行比较，然后根据比较结果送出一个逻辑值。

3）Converter（转换器）文件夹。该文件夹中的功能块是用于对一些数据或数进行转换或处理的，如将普通二进制数转换成 BCD 码、二进制原码与补码的转换等。

4）Counter（计数器）文件夹。该文件夹中的功能块是用于对某个端口信号状态的"0"、"1"次数进行统计。

5）DB call（数据模块调用）文件夹。该文件夹中的功能块用于程序运行过程中调用并打开相关的数据模块。

6）Jumps（跳转功能）文件夹。该文件夹中的功能块用于程序在本编程模块中进行跳转。

7）Integer fct.（整数运算功能）文件夹。该文件夹中的功能块用于 16bits 或 32bits 数据的简单数学运算，如加、减、乘、除等。

8）Floating－point fct.（浮点数运算功能）文件夹。该文件夹中的功能块用于实数和函数的运算，如求某个数的平方等。

9）Move（数据移动）文件夹。该文件夹中的功能块用于将数据源中的数据转移到数据目的地。

10）Program control（跳转到外部程序模块）文件夹。该文件夹中的功能块作用是从本程序模块跳转到其他程序模块（但不包括数据模块）。

11）Shift/Rotate（移动功能）文件夹。该文件夹中的功能块作用是对累加器 1 中的内容进行左、右移位操作。

12）Status bits（状态位）文件夹。该文件夹中存放着执行比较或运算指令后的状态信息，如进位、溢出等信息。

13）Timers（计时器）文件夹。该文件夹中的功能块主要用于实现程序运行过程中的延迟操作。

14）Word logic（字或双字逻辑运算）文件夹。该文件夹中的功能块用于对一个字或双字进行逻辑运算。

15）FB blocks（功能块）文件夹。该文件夹中的编程功能块用于调用其他功能块（FB）。

16）FC blocks（程序块）文件夹。该文件夹用于调用程序块（FC）。

3. 基本逻辑运算

（1）"与"逻辑运算

"与"逻辑运算又称逻辑乘。"与"逻辑的定义是：当且仅当决定事件 F 发生的所有条件 A，B，C，…均满足时，这件事才发生。两个变量的"与"逻辑运算关系可以用如下函数式表示

$$F = A \cap B = A \times B = AB$$

式中，A、B是事件F的条件。

"与"逻辑关系还可以用输入逻辑变量的各种取值组合，以及对应函数值关系的表格形式来表示。这种反应输入变量和输出函数值关系的表格称为函数的真值表。若条件具备，及事件发生，则用"1"表示；若条件不满足，及事件不发生，则用"0"表示。"与"逻辑的真值表如图2-62（a）所示。

从真值表不难看出，"与"逻辑运算可以进行这样的逻辑判断：有0出0，全1出1。

"与门"是实现"与"逻辑运算的电路，在STEP 7中"与门"符号如图2-62（b）所示。条件A、B是输入端，F是输出端。

A	B	F
0	0	0
0	1	0
1	0	0
1	1	1

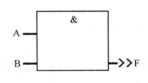

（a）真值表　　　　　　　　（b）逻辑符号

图2-62　"与门"的真值表及逻辑符号

（2）"或"逻辑运算

"或"逻辑运算又称逻辑加。"或"逻辑的定义是：在决定事件F发生的各种条件中只要有一个或一个以上条件具备时，这件事就发生。两个变量的"或"逻辑运算关系可以用如下函数式表示

$$F = A \cup B = A + B$$

式中，A、B是事件F的条件。

若条件具备及事件发生则用"1"表示；若条件不满足及事件不发生，则用"0"表示。"或"逻辑的真值表如图2-63（b）所示。

从真值表不难看出，"或"逻辑运算可以进行这样的逻辑判断：有1出1，全0出0。

"或门"是实现"或"逻辑运算的电路，在STEP 7中"或门"符号如图2-63（b）所示。条件A、B是输入端，F是输出端。

A	B	F
0	0	0
0	1	1
1	0	1
1	1	1

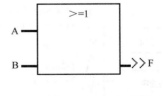

（a）真值表　　　　　　　　（b）逻辑符号

图2-63　"或门"的真值表及逻辑符号

（3）"非"逻辑运算

"非"逻辑运算又称"反相"运算或"求补"运算。其定义是：当决定事件发生的条

件 A 具备时，事件 F 不发生；只有当条件 A 不满足时，事件 F 才发生。"非"逻辑函数式为

$$F = \overline{A}$$

式中，A 为原变量，$\overline{A}$为反变量。

逻辑非是逻辑代数特有的一种形式，它的功能是对变量求反，其真值表如图 2-64（a）所示。

"非门"是实现"非"逻辑运算的电路，但是在 STEP 7 软件中"非"逻辑运算只能作用于各种逻辑运算功能块的输入端口，在希望进行"非"运算的输入端根部增加一个圆圈，代表该输入量先"非"后输入。如图 2-64（b）所示，是对"或门"输入端 A 求"非"后，再将$\overline{A}$输入"或门"，最后输出 $F = \overline{A} + B$。

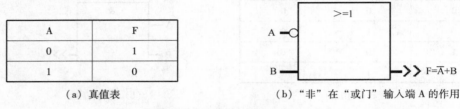

A	F
0	1
1	0

（a）真值表　　　　　　　　　（b）"非"在"或门"输入端 A 的作用

图 2-64　"非"的真值表及"非"在"或门"输入端 A 的作用

4. 项目文件的导出与导入

（1）项目文件的导出

"项目文件的导出"是指将编辑完成的控制程序文件打包后从 STEP 7 软件管理器中导出。在项目管理器的主菜单中选择"File"栏目下的"Archive"，如图 2-65 所示，打开项目文件导出对话框。

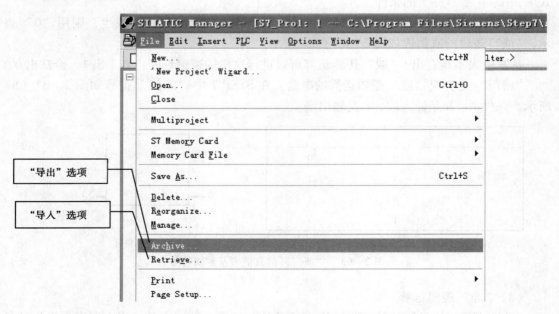

图 2-65　打开项目文件导出对话框的菜单命令

在项目文件导出对话框中选中要导出的项目文件，然后单击左下方的"OK"按钮，如图2－66所示。随后，就会出现 Windows 操作系统下的"保存"对话框，在对话框中按照用户的实际需要选择文件保存路径并填写文件名，单击"保存"按钮，项目文件的导出就完成了。

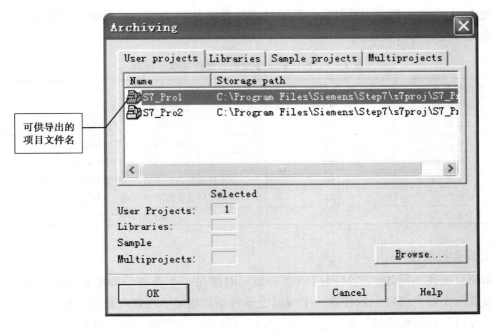

图2－66 项目文件导出对话框

（2）项目文件的导入

"项目文件的导入"是指将 STEP 7 项目管理器外的控制程序文件移入项目管理器中。在项目管理器的主菜单中选择"File"栏目下的"Retrieve"，如图2－65所示，就会出现 Windows 操作系统下的"打开"对话框。

2.2.3 项目实施

从项目描述中不难看出，整个控制程序需要六个输入点和一个输出点，所以在使用"功能块图"编程方式时，只需要在组织块 OB1 中建立一个 Network 就足够了。

1. 地址分配表

地址分配表反映了外围硬件和操作数之间的关系，故在编制控制程序之前必须先做一个地址分配表，以便将来在调试程序或连接硬件过程中使用。地址分配表一般由三部分内容组成。

（1）操作数地址

操作数地址栏目下是与外围硬件相对应的操作数地址，如 I 0.1、Q 4.0 等。

（2）硬件符号

硬件符号栏目下是与外围硬件相对应的符号，如电动机用"M"、灯用"H"、传感器用"S"表示。

（3）注释

注释栏目下是对外围硬件的一些说明，如某个传感器在控制过程中的作用，属于常开还是常闭触点等。

表2-1是冲压机安全控制程序的地址分配表如表2-2所示，可根据实验设备的实际情况决定分配表内的参数。

表2-2 冲压机安全控制程序的地址分配表

操作数地址	硬件符号	注释
I 0.0	Q1	电源开关，接通时状态为"1"
I 0.1	SB1	手按开关1，按下时状态为"1"
I 0.2	SB2	手按开关2，按下时状态为"1"
I 0.3	SB3	脚踩开关，按下时状态为"1"
I 0.4	S1	保护栅状态传感器，保护栅放下时状态为"1"
I 0.5	S2	冲压件就位传感器，冲压件就位时状态为"1"
Q 4.0	Y	阀门打开，气缸供气

2. 安全控制程序

如项目描述中所述，气缸阀门启动必须同时满足三个条件，即电源接通、冲压件就位、以及三个安全条件中的任意一个或以上条件得到满足。所以气缸阀门是由一个三输入端的"与门"进行赋值的，而三个安全条件可以作为一个三输入端"或门"的输入量，三个安全条件则分别由三个两输入端"与门"处理。具体气缸安全控制程序如图2-67所示。

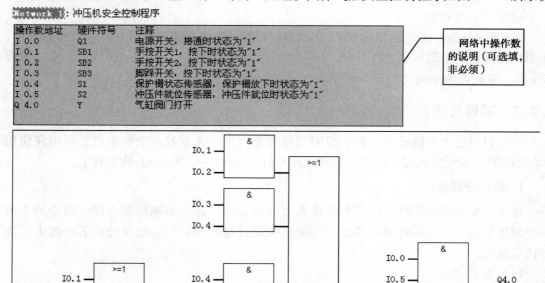

图2-67 冲压机安全控制程序（功能块图编辑方式）

2.2.4 项目拓展

1. PLC 中的"多次赋值"问题

所谓"多次赋值"是指在整个控制程序中对同一个输出进行两次以上的赋值，图2－68就是一个典型的两次赋值例子。

图2－68所示的程序看似没有问题：网络1中的 I 0.0 与 I 0.1、网络2中的 I 0.2 与 I 0.3，分别进行与逻辑运算后都赋值给输出端 Q 4.0。但是在程序实际运行中，可能会出现 I 0.0 与 I 0.1 的与逻辑运算结果和 I 0.2 与 I 0.3 与逻辑运算结果相矛盾，此时输出端 Q 4.0 的赋值究竟是按照网络1的结果还是按照网络2的结果呢？

在前文中已经叙述过，S7—300 系列 PLC 的 CPU 在一个程序周期中，如果有多条程序指令对同一个输出信号作出多次状态修改，那么只有最后一次存入"输出过程映像"的信号状态是有效的，并输出至输出模块。

也就是说，如果在一个控制程序中出现对同一个输出端进行 n 次赋值，则只有最后的一次输出赋值是有效的，而在此之前的 $n-1$ 次都属于无效的输出赋值。"多次赋值"是在编写 PLC 控制程序时应该注意的问题，希望读者引起重视。

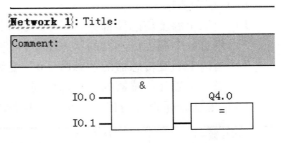

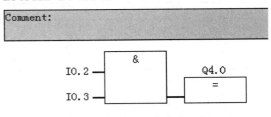

图2－68 程序中两次赋值示例

图2－68中所示的多次赋值问题，可以按照图2－69所示进行修改。

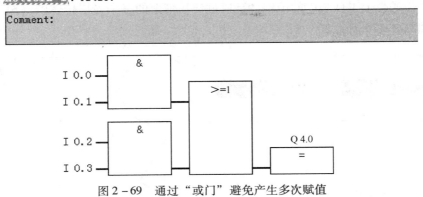

图2－69 通过"或门"避免产生多次赋值

2. 拓展练习：粮食仓库报警装置控制程序的编写

请读者使用在本节学习到的"功能块图"编辑方式，按照下面要求，尝试独立编写一段粮食仓库报警装置控制程序。

（1）功能描述

当粮食发生变质时会产生热量，使得环境温度上升，所以该报警装置通过在粮食仓库的不同位置分别安装三个温度传感器实现对粮食仓库环境温度的监测。温度不变，传感器状态为"0"；温度上升，传感器报警状态为"1"。三个温度传感器将环境温度信息传递给 PLC，PLC 根据三个传感器的状态控制红、蓝、黄、绿四个颜色的指示灯发光。

（2）控制要求

1）当三个温度传感器都为"0"状态时，绿色指示灯点亮。

2）只有一个温度传感器的状态由"0"变到"1"时，黄色指示灯点亮。

3）当两个温度传感器的状态由"0"变到"1"时，蓝色指示灯点亮。

4）当三个温度传感器的状态都变到"1"时，红色指示灯点亮。

（3）地址分配表（请根据实验设备自行填写）

操作数地址	硬 件 符 号	注　　释

2.3　项目二　传送带长短工件分拣控制程序

2.3.1　项目描述

在传送带上同时有长和短两种工件，通过一组气动分拣装置实现长、短工件的分拣传送。对于传送带上工件长度的识别，是通过传送带上的三个光栅传感器（S1、S2、S3）实现的，如图 2 - 70 所示。

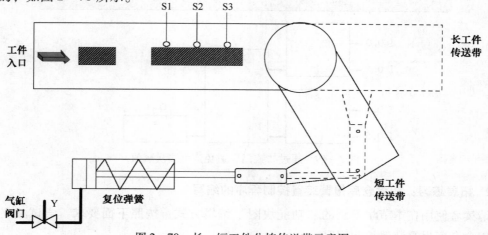

图 2 - 70　长、短工件分拣传送带示意图

对于长工件来说，工件能同时被三个光栅传感器同时检测到；而短工件只会被光栅传感器 S2 检测到，传感器 S1、S3 检测不到的情况。通过工件长度的识别，气动与复位弹簧机构可以实现对长短工件进行分拣。系统识别到长工件时，气缸阀门打开克服复位弹簧的拉力，使得传送带不改变方向；当系统识别到短工件时，气缸阀门不动作，由于复位弹簧的拉力，传送带实现分岔。

2.3.2 知识链接

1. 触发器

上述项目的控制程序不能用简单的逻辑功能实现，因为传感器的输出是不能保持的。所以在控制程序中对传感器输出状态的"0"、"1"变化有一个"记忆"的过程，而触发器就具有这种"记忆"的功能。

在 LAD/STL/FBD 编辑窗口的编程列表中，打开"bit logic"文件夹，如图 2-71所示，有 R、S、RS 和 SR 四种触发器。

（1）引脚介绍

图 2-72 为 STEP 7 中的 SR 触发器功能块，其中各引脚说明如下：

1）触发器置位输入端 S。S 是置位输入端：当 S=1 时，触发器输出端被置位为"1"；当 S=0 时，触发器输出端保持原来状态。

2）触发器复位输入端 R。R 是复位输入端：当 R=1 时，触发器输出端被复位为"0"；当 R=0 时，触发器输出端保持原来状态。

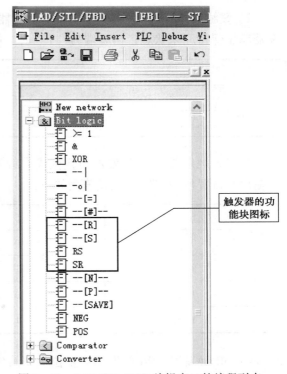

图 2-71 LAD/STL/FBD 编辑窗口的编程列表

3）触发器输出端。该处为触发器的二进制输出端，在此可以写入一个位操作数，将触发器的输出定义给其他编程元件，如中间结果存储器 M 等。

4）触发器输出端 Q。该端口是触发器的二进制输出端口，当 S=1 时，Q=1；当 R=1 时，Q=0。

应当指出，在使用功能块编程时，带有红色问号的位置

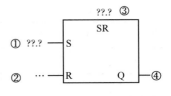

图 2-72 SR 触发器功能块

必须写入操作数，否则程序将不能被保存、下载和运行。而不带问号的位置为选择填写端口，可以视需要决定是否填写。另外，在图形编辑时，"??.?"处应写入位操作数，而"???"处则应填上字节、字或双字操作数。

（2）常用触发器功能介绍

1）R 触发器。R 触发器只能实现对触发器的输出端复位。当 R 端为"0"时，触发器输出保持原来状态；当 R 端为"1"时，触发器输出复位为"0"。其真值表如下：

R	Q
0	保持
1	0（复位）

2）S 触发器。S 触发器只能实现对触发器的输出端置位操作。当 S 端为"0"时，触发器输出保持原来状态；当 S 端为"1"时，触发器输出置位为"1"。其真值表如下：

S	Q
0	保持
1	1（置位）

3）RS 触发器。RS 触发器为置位优先触发器。当 S 端和 R 端都为"1"时，触发器的输出端被置位为"1"。其真值表如下：

R	S	Q
0	0	保持
0	1	1（置位）
1	0	0（复位）
1	1	1（置位）

4）SR 触发器。SR 触发器为复位优先触发器。当 S 端和 R 端都为"1"时，触发器的输出端被复位为"0"。其真值表如下：

R	S	Q
0	0	保持
0	1	1（置位）
1	0	0（复位）
1	1	0（复位）

2. 模块的调用

当前控制程序的编写一般都采用结构化编程方式，即一般用户程序不存放在组织模块 OB 中，而是存放在程序模块 FC 或功能模块 FB 中。因为当 CPU 在工作时只激活组织模块 OB, 存放在 FC 或 FB 中的用户程序虽然已经下载, 但并不运行, 当需要时再通过 OB 调用 FC 或 FB 中的用户程序。这样可以大大降低 CPU 的工作负担, 提高控制程序的运行效率。

需要说明的是, 调用功能并不局限在组织模块 OB 中使用, 程序模块 FC 和功能模块 FB 中也可以使用调用功能。

在 LAD/STL/FBD 编辑窗口的编程列表中, 如图 2－73 所示。值得注意的是, 可以被调用的模块必须事先建立, 这样才能在编程组件列表中显示出来。

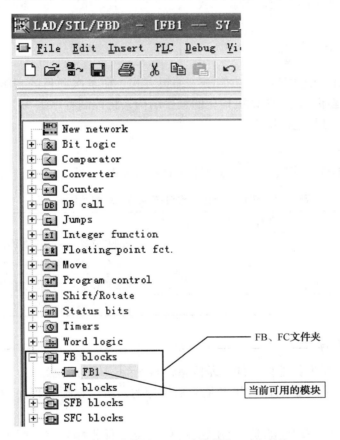

图 2－73　程序模块 FC 和功能模块 FB 文件夹

双击编程列表中的 FB 或 FC 功能块图标, 即可出现如图 2－74 所示的功能图形式, 这种不在 "EN" 端口填入操作数的调用方式称为无条件调用。无条件调用是指在某个控制程序中始终调用该模块。

相对无条件调用, 条件调用是指某个控制程序在满足特定逻辑值的情况下才调用该模块, 调用条件写在 "EN" 端口。如图 2－75 所示, 为条件调用 FC1 功能模块, 只有当 I 0.0 为 "1" 时, 才能调用 FC1。

在图 2－74 中, 图标右侧的 "ENO" 端是条件值的输出, 即把 I 0.0 的逻辑值从该端口输出。

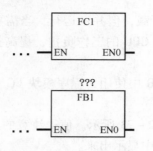

图2-74　FB和FC的无条件调用形式

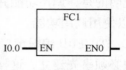

图2-75　条件调用FC1

2.3.3　项目实施

为了巩固项目一中学到的"功能图"编辑方式，在本次项目的实施中也采用这种编辑方式编写控制程序。同时尝试机构化的程序结构，将控制程序编写在功能块FC中，然后在组织块OB中对其进行调用。

1. 地址分配表

传送带长短工件分拣控制程序的地址分配表如表2-3所示。

表2-3　传送带长短工件分拣控制程序的地址分配表

操作数地址	硬件符号	注　释
I 0.0	S1	光栅传感器1，检测到物体状态为"0"
I 0.1	S2	光栅传感器2，检测到物体状态为"0"
I 0.2	S3	光栅传感器3，检测到物体状态为"0"
Q 4.0	Y	气缸阀门，打开时气缸送气

2. 分拣控制程序

由于光栅传感器为负逻辑器件，即传感器检测到物体时的状态为"0"，平时的常态为"1"。同时由于传感器的输出状态是无法保持的，所以在控制程序中必须使用触发器对状态进行记忆。

本次控制程序中使用到的是"SR触发器"，复位优先触发器。因为输出端控制的是气缸阀门Y，其常态是关闭状态"0"，只有在检测到长工件时才需要动作，所以选择复位优先型触发器。

（1）FC1中传送带长短工件分拣控制程序（见图2-76）

在程序中长短工件的检测主要是按照如下逻辑运算实现的。

1）长工件。三个光栅传感器S1～S3必须同时检测到工件，即I 0.0 = I 0.1 = I 0.2 ="0"，所以在图2-76所示的程序中第一个"与门"的输入端都加上"非门"，只有这样才能实现当S1～S3必须同时检测到工件时，"SR触发器"的置位输入端输入"1"，触发器输出"1"，Q 4.0控制的阀门Y动作，传送带将长工件传送到合适位置。

2）短工件。三个光栅传感器S1～S3中只有S2能检测到工件的情况，即I 0.0 =

I 0.2 = "1"、I 0.1 = "0"，所以在图 2 – 76 所示的程序中第二个"与门"的 I0.1 输入端加上"非门"，只有这样才能实现当只有 S2 检测到工件时，"SR 触发器"的复位输入端输入"1"，触发器输出"0"，Q 4.0 控制的阀门 Y 不动作，传送带受复位弹簧作用复位将短工件传送到合适位置。

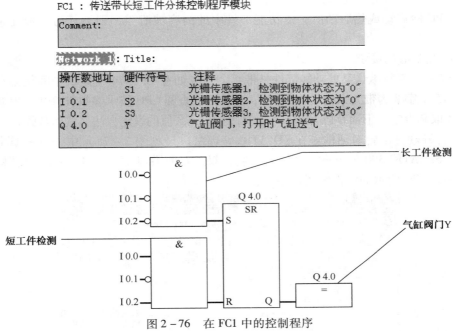

图 2 – 76　在 FC1 中的控制程序

（2）OB1 中对 FC1 的调用（见图 2 – 77）

由于组织块 OB1 中只有调用 FC1 这一功能，所以调用是无条件的。

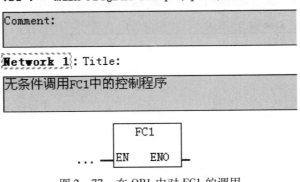

图 2 – 77　在 OB1 中对 FC1 的调用

2.3.4　项目拓展

1. S7 中的冗余

在 S7 中，所有的功能部件分成带冗余和不带冗余两类，用户可以根据需要进行选择。在自动化控制现场，突然断电且能马上恢复供电时，如果用户希望控制程序在刚才的断点处能继续往下运行，则必须全部由带冗余的功能部件进行编制。

（1）带冗余的功能部件

当CPU冷启动或热启动后，该功能部件中的内容不丢失，则称其为带冗余的功能部件。

（2）不带冗余的功能部件

当CPU冷启动或热启动后，该功能部件中的内容被清零，则称其为不带冗余的功能部件。

（3）冗余值的设定

在S7中，系统默认某些功能部件是带冗余的（如在CPU314中默认中间结果存储器M的第0~15个字节为带冗余的功能部件），具体可以查阅CPU技术参数或打开CPU属性对话框进行读取和设定。下面就以CPU314为例，介绍冗余值的设定方法，具体步骤如下：

1）打开硬件配置对话框。在SIMATIC管理窗口（见图2-78）中，首先单击左侧窗口中的"SIMATIC 300 Station"文件夹，然后双击右侧窗口中的"Hardware"图标，即可打开如图2-79所示的硬件配置对话框。

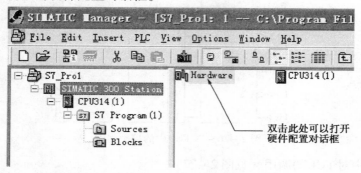

图2-78　打开硬件配置对话框的方法

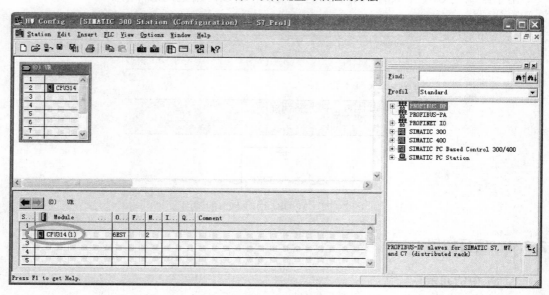

图2-79　硬件配置对话框

2）打开 CPU 属性对话框。双击图 2 - 79 硬件配置对话框中 CPU 的图标，即可打开如图 2 - 80 所示的 CPU 属性对话框，选择"Retentive Memory"标签，即可显示系统默认的冗余值设定。

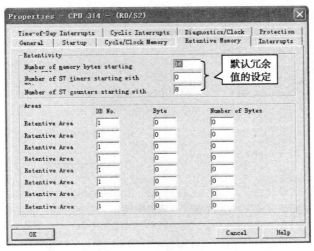

图 2 - 80　CPU 属性对话框

图 2 - 80 中，第一行数字"16"表示 CPU314 的中间结果存储器 M 共有 16 个字节，MB0 ~ MB15，为带冗余的功能部件；第二行数字"0"表示计时器 T 是没有冗余的功能部件；第三行数字"8"表示计数器 C 有 8 个字节，C0 ~ C7，为带冗余的功能部件。

3）冗余值的设定。用户可以根据需要对图 2 - 80 中的冗余值进行设定，设定时只需要改动框中的数值，完成后单击窗口左下角的"OK"按钮，即可完成对设定值的保存并关闭 CPU 属性对话框。值得注意的是，冗余值的设定是有限制的，各种不同的 CPU 有不同的冗余值设定范围，具体范围可以查阅 CPU 的产品说明书。

4）CPU 系统参数的保存及下载。退出硬件配置对话框时，在"Station"菜单中选择"Save and Compile"命令，如图 2 - 81 所示，进行带参数的保存。

用户在使用自行设定的带冗余部件前，必须先下载"System data"系统参数模块，在下载系统参数模块时，可将 CPU 模块面板上的控制开关打到"STOP"位置。

2. S7 中的符号

通常在程序编辑或调试的过程中，用户看到程序中的操作数时，往往不能立刻判断出该操作数所代表的具体部件，以及这个部件在控制过程中的作用等，这会给用户对程序进行编辑或调试时带来一定的麻烦，使用 STEP 7 软件提供的符号功能就能很好地解决这一问题。在第 1.3.2 和 2.1.2 节中，已经对符号表作了简单的介绍，下面就对应用中的一些具体问题进行深入地说明。

（1）符号的编辑

右击要建立符号的操作数，在出现的快捷菜单中单击"Edit Symbols"符号编辑命令，如图 2 - 82 所示。

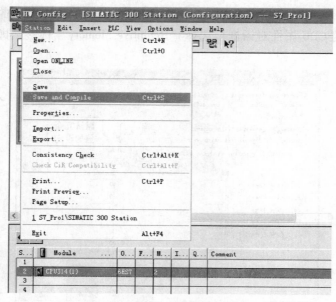

图2-81　硬件配置窗口的带参数保存方法

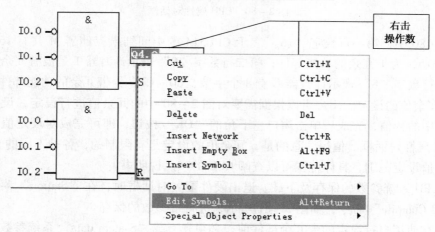

图2-82　符号编辑对话框的打开方式

随后就会弹出符号编辑对话框，如图2-83所示。

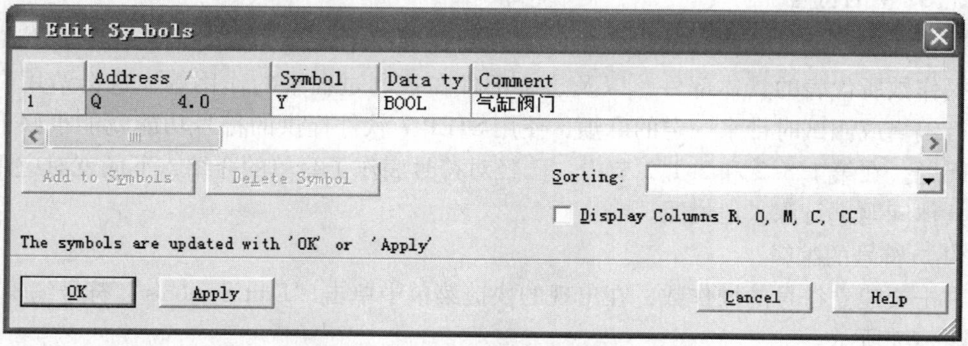

图2-83　符号编辑对话框

在符号编辑对话框中，"Adress"是操作数的绝对地址，该处是无法进行编辑的；"Symbol"下方就是按照用户需要为操作数选择的符号表示；"Data type"是操作数的数据形式，系统会根据操作数自行生成，无需填写；"Comment"则是注释部分，用户可以对所写的符号进行说明。编辑结束时，单击对话框左下方的"OK"按钮，即可对所编辑内容进行保存并关闭对话框。

（2）符号的观察

如图2-84所示，完成符号编辑后在原来操作数的位置会出现对应的符号显示以及注释的说明。

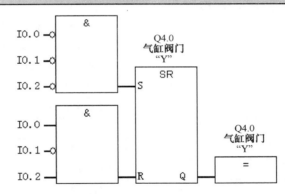

图2-84　进行符号编辑后的"功能块图"程序

另外，当对一个操作数的符号编辑完成后，如果在程序的后续编写中，还需要使用该操作数时，则可以直接键入该操作数的符号。

3. 拓展练习：蓄水池注水阀门控制程序

（1）功能描述

某蓄水池注水系统示意图如图2-85所示。该蓄水系统总共有3个水箱，这些水箱分别由一对传感器监控其水位情况。其中传感器S1、S3、S5为常开触点，用于检测水箱是否已经蓄满水；传感器S2、S4、S6为常闭触点，用于检测水箱中的水是否被排空了。三个阀门Y1、Y2、Y3受PLC控制，某一时刻只能有一个阀门受控被打开，对发出排空信号的一个水箱进行注水，直到该水箱被注满为止。

对三个水箱注水的顺序是按照水箱被排空的先后来设置的。比如水箱被排空的顺序是：水箱2→水箱1→水箱3，那么注水的顺序也应该是：水箱2→水箱1→水箱3。

（2）实施要求和提示

1）采用"功能块图"编辑方式。

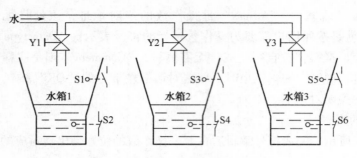

图 2 – 85　蓄水池注水系统示意图

2）编程时采用符号。

3）由于阀门关闭是常态，所以触发器应采用 SR（复位优先）触发器。

4）编程中建议使用中间存储器 M。

（3）地址分配表（仅供参考，可根据实验设备自行填写）

操作数地址	硬件符号	注　释
I 0.0	S1	水箱 1 注满传感器，注满时状态为"1"
I 0.1	S2	水箱 1 排空传感器，排空时状态为"0"
I 0.2	S3	水箱 2 注满传感器，注满时状态为"1"
I 0.3	S4	水箱 2 排空传感器，排空时状态为"0"
I 0.4	S5	水箱 3 注满传感器，注满时状态为"1"
I 0.5	S6	水箱 3 排空传感器，排空时状态为"0"
M 2.0		中间存储器 2.0，当水箱 1 正在注水时状态为"1"
M 2.1		中间存储器 2.1，当水箱 2 正在注水时状态为"1"
M 2.2		中间存储器 2.2，当水箱 3 正在注水时状态为"1"
Q 4.0	Y1	阀门 1，打开时状态为"1"
Q 4.1	Y2	阀门 2，打开时状态为"1"
Q 4.2	Y3	阀门 3，打开时状态为"1"

2.4　项目三　外部通风电机的控制

2.4.1　项目描述

图 2 – 86 所示是一个电机的主电路和控制电路，同时该电机工作时需要另一个电机对其进行外部通风降温。

通过接通按钮 S1 可以首先启动通风电机 M1，同时时间继电器 K3T 线圈得电，延时开始。气流监视器 B6 检测通风电机 M1 产生的气流。如果按钮 S2 在时间继电器 K3T 延时期间被按下，主电机 M2 启动、且通风电机 M1 继续工作；如果按钮 S2 在时间继电器 K3T 延时（15s）期间未被按下，则通风电机 M1 停止工作。

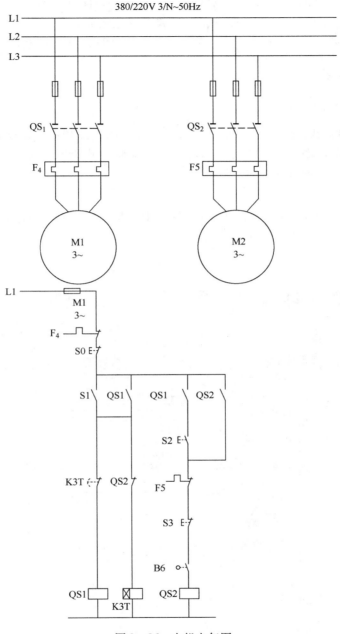

图2-86 电机电气图

　　主电机 M2 可以通过按下停止按钮 S3 后立即停止运转，通风电机 M1 则在时间继电器的延时期间继续运转对主电机 M2 通风，延时结束后通风电机 M1 自动停止工作。

　　在紧急情况下，可以按下紧急停止按钮 S0，控制电路将全部断电，两台电机 M1、M2 同时停止工作。热继电器 F4 可以实现对通风电机 M1 的过电流保护，当过电流出现时，切断通风电机 M2 的主电路，使其停止工作。

当通风电机 M1 停止工作后，气流监视器 B6 动作，使主电机 M2 停止工作。热继电器 F5 用于对主电机 M2 的过电流保护，当过载引发过电流时，切断 M2 的主电路，使 M2 立即停止工作，然后经过时间继电器 K3T 的延时后，通风电机 M1 也将停止。

2.4.2 知识链接

1."梯形图"编辑方式

在描述位逻辑功能时，"梯形图"和常见的电路图十分相似；描述其他功能时，"梯形图"编辑方式与前面章节介绍的"功能块图"编辑方式类似。所以在此主要介绍"梯形图"在位逻辑功能部分的编辑方法。

（1）编辑界面

启动 LAD/STL/FBD 编辑器，在 View 菜单中选择 LAD（梯形图），就可以开始"梯形图"编辑方式，如图 2－87 所示。

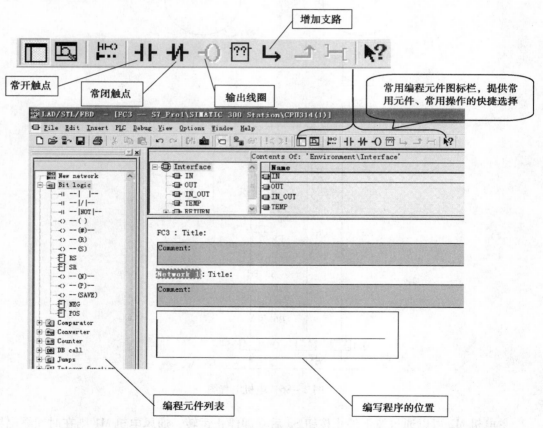

图 2－87 LAD/STL/FBD 编辑器"梯形图"编辑界面

（2）常用位逻辑指令简介

在编程元件列表中，位逻辑指令有：

● ---| |---：常开触点

- ---|/|---：常闭触点
- --- （SAVE）：将 RLO（逻辑运算结果）的状态保存
- XOR：逻辑"异或"
- — （ ）：输出线圈
- --- (#) ---：中间输出
- ---|NOT|---：取反（逻辑"非"）
- --- (S)：置位线圈
- --- (R)：复位线圈
- SR：复位优先触发器
- RS：置位优先触发器
- --- (N) ---：RLO 下降沿检测
- --- (P) ---：RLO 上升沿检测
- NEG：地址下降沿检测
- POS：地址上升沿检测

其中---| |---（常开触点）、---|/|---（常闭触点）、— （ ）（输出线圈）、---|NOT|---[取反（逻辑"非"）]是最常用的四个编程元件，在此对其做简单介绍。

1) ---| |---常开触点。---| |---存储在指定＜地址＞的位值为"1"时，常开触点处于闭合状态。触点闭合时，梯形图轨道能流流过触点，逻辑运算结果（RLO）= "1"。

如果指定＜地址＞的信号状态为"0"，触点将处于断开状态。触点断开时，能流不流过触点，逻辑运算结果（RLO）= "0"。

串联使用时，通过"与"逻辑将---| |---与 RLO 位进行链接。并联使用时，通过"或"逻辑将其与 RLO 位进行链接。

逻辑"与"运算，如图 2 - 88（a）所示，为 3 个触点进行逻辑"与"的"梯形图"；逻辑"或"运算，如图 2 - 88（b）所示，为 3 个触点进行逻辑"或"的"梯形图"。

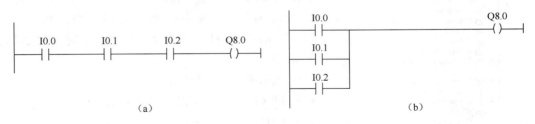

图 2 - 88　三输入逻辑"与"和逻辑"或"的"梯形图"

2) ---|/|---常闭触点。---|/|---存储在指定＜地址＞的位值为"0"时，常闭触点处于闭合状态。触点闭合时，梯形图轨道能流流过触点，逻辑运算结果（RLO）= "1"。

如果指定＜地址＞的信号状态为"1"，将断开触点。触点断开时，能流不流过触点，逻辑运算结果（RLO）= "0"。

串联使用时，通过"与"逻辑将---|/|---与 RLO 位进行链接。并联使用时，通过"或"逻辑将其与 RLO 位进行链接。

3）--| NOT | --取反（逻辑"非"）。--| NOT | ---的功能很简单，其功能与"功能块图"编辑方式中的"非"逻辑块相同，就是取反 RLO 位。

4）---（ ）输出线圈。---（ ）（输出线圈）的工作方式与继电器逻辑图中线圈的工作方式类似。如果有能流通过线圈（RLO = 1），将置位<地址>的位为"1"。如果没有能流通过线圈（RLO = 0），将复位<地址>的位为"0"。注意只能将输出线圈置于梯级的右端，可以有多个（最多 16 个）输出单元。使用---| NOT | ---（取反）单元可以创建取反输出。

例如，图 2 - 89 所示的电路中：

满足下列条件之一时，输出端 Q8.0 的信号状态将是"1"：

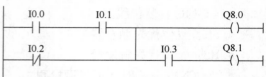

● 输入端 I0.0 和 I0.1 的信号状态为"1"时；

图 2 - 89　电路示例

● 输入端 I0.2 的信号状态为"0"时。

满足下列条件之一时，输出端 Q8.1 的信号状态将是"1"：

● 输入端 I0.0 和 I0.1 的信号状态为"1"时，且输入端 I0.3 的信号状态为"1"时；

● 输入端 I0.2 的信号状态为"0"，且输入端 I0.3 的信号状态为"1"时。

2. 定时器简介

（1）定时器的作用

定时器可以在某个逻辑信号的上升沿或下降沿的作用下进行计时，并在计时结束后

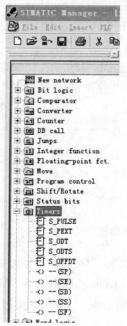

图 2 - 90　编程元件列表中的
"Timers"定时器文件夹

改变其二进制输出的状态。定时器的功能与时间继电器的功能相似，所以利用定时器可以实现对自动化控制中的某个工作环节进行定时。

（2）编程列表中的定时器文件夹

在 LAD/STL/FBD 编辑器的编程元件列表中，定时器可以在"Timers"文件夹中找到，如图 2 - 90 所示。

在"Timers"文件夹中有 10 个编辑定时器的图标，它们分别是：

● S_PULSE：　　脉冲定时器

● S_PEXT：　　扩展脉冲定时器

● S_ODT：　　接通延时定时器

● S_ODTS：　　保持接通延时定时器

● S_OFFDT：　　断开延时定时器

● ---（SP）：　　脉冲定时器线圈

● ---（SE）：　　扩展脉冲定时器线圈

● ---（SD）：　　接通延时定时器线圈

● ---（SS）：　　保持接通延时定时器线圈

● ---（SA）：　　断开延时定时器线圈

（3）定时器的引脚功能

图2-91是S_PULSE定时器的梯形图符号。由于5种定时器梯形图符号引脚表示基本相似，故其他定时器梯形图引脚功能就不再一一列举了。图2-91中：

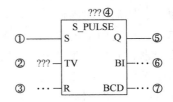

图2-91 S_PULSE定时器的梯形图符号

脚①——定时器启动端S：此端口出现上升沿（S_OFFDT则为下降沿）时，定时器开始定时。

脚②——定时时间值输入端TV：通过此端口可以将定时器的时间值输入，一般最大时间值是9990s或2h46min30s。可以使用以下任意一种格式预先装载时间值。

1）W#16#wxyz。w为时间基准（即分辨率，其定义是将时间值递减一个单位所用的时间间隔。最小的时间基准是10ms，最大的时间基准是10s）。xyz为BCD码格式表示的时间值。时间基准的二进制编码如表2-4所示。

表2-4 时间基准的二进制编码

时 间 基 准	时间基准的二进制编码
10ms	00
100ms	01
1s	10
10s	11

例如：如果定时器需要设定的时间值是127s，则可以在TV端输入：

W#16#2127

在CPU累加器中定时器单元字内容如图2-92所示。

2）S5T#aH_bM_cS_dMS。其中，H表示小时，M表示分钟，S表示秒，MS表示毫秒；a、b、c、d值由用户定义。

例如："S5T#15S"表示定时器的时间值是15s。

时间基准是自动选择的，数值会根据

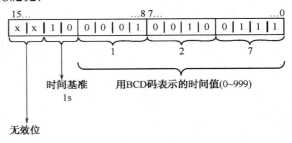

图2-92 在CPU累加器中定时器单元字内容

时间基准四舍五入到下一个较低数。一般时间基准自动选择标准如表2-5所示。

表2-5 时间基准自动选择标准

时 间 基 准	范 围
0.01s	10MS 到 9S_990MS
0.1s	100MS 到 1M_39S_900MS
1s	1S 到 16M_39S
10s	10S 到 2H_46M_30S

脚③——定时器的二进制输出值复位端 R：此端口有高电平输入时，定时器二进制输出值复位，同时定时器停止计时。复位端的优先权最高。

脚④——定时器的序号写入端：此端口可以写入定时器的序号，表示所使用的是第几个定时器，其格式为"Tn"。"n"为自然数，由 CPU 所提供的定时器个数所决定，一般的取值范围为 0 ~ 127。

脚⑤——定时器的二进制状态输出端 Q：此端口输出定时器的二进制状态。当定时开始时，此端口状态为 1；当定时结束时，此端口状态为 0。

脚⑥——定时器的剩余时间值二进制输出端 BI：当定时器工作时，此端口以 16 位二进制形式输出当前的剩余时间值。

脚⑦——定时器的剩余时间值 BCD 码输出端 BCD：此端口的功能与 BI 端口的功能相似，只不过其输出的剩余时间值是以 8421BCD 码的形式输出的。例如，当剩余时间值为 10s 时，BI 端的输出为：0000 0000 0000 1010B，BCD 端的输出为：0000 0000 0001 0000BCD。

（4）5 种定时器的功能说明

5 种定时器的时序图如图 2 – 93 所示，其中 t 为定时器的定时长度。

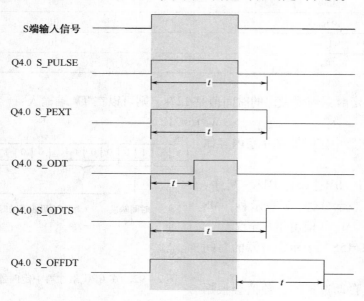

图 2 – 93　5 种定时器的时序图

根据上述所示的时序关系图，不难得出 5 种定时器的功能，如表 2 – 6 所示。

表 2 – 6　5 种定时器的功能说明

定 时 器	说　明
S_PULSE 上升沿启动、不带存储的延时关断型定时器	该种定时器用上升沿来启动定时，定时启动后二进制输出端 Q 端为"1"，定时结束后，Q 端为"0"。定时启动后，若 S 端信号在定时过程中变为"0"，则定时器立即停止计时，且 Q 端输出"0"。复位端 R 优于启动端 S

续表

定 时 器	说　明
S_PEXT 上升沿启动、带存储的延时关断型定时器	该种定时器用上升沿来启动定时，定时启动后二进制输出端 Q 端为"1"，定时结束后，Q 端为"0"。定时启动后，若 S 端信号在定时过程中变为"0"，定时器继续计时，直到完成预设的时间值。 如果 S 信号在计时过程中连续发生"0"、"1"变化，Q 端在第一个上升沿时开始输出"1"，在最后一个上升沿时开始计时，直到完成预设的时间值后，Q 端才输出"0"
S_ODT 上升沿启动、不带存储的延时接通型定时器	该种定时器用上升沿来启动定时，定时启动后二进制输出端 Q 端为"0"，定时结束后，Q 端为"1"。定时启动后，若 S 端信号在定时过程中变为"0"，则定时器立即停止计时，Q 端一直为"0"。如果 S 端的信号在计时结束后变为"0"，则 Q 端也会随之变为"0"
S_ODTS 上升沿启动、带存储的延时接通型定时器	该种定时器用上升沿来启动定时，定时启动后二进制输出端 Q 端为"0"，定时结束后，Q 端为"1"。 定时启动后，若 S 端信号在定时过程中变为"0"，定时器继续计时，直到完成预设的时间值后，Q 端输出"1"。定时完成后，S 端的状态不影响 Q 端的状态。也就是说，定时器启动后，无论 S 端信号如何变化，定时结束后，Q 端总是要输出"1"的，而且不会回到"0"，只有复位端 R 为"1"后，才能使输出端复位到"0"
S_OFFDT 下降沿启动、延时断开型定时器	该种定时器在 S 端为"1"时，Q 端随之输出"1"，但此时定时器并不计时。当 S 端从"1"变为"0"时，定时器开始计时，计时结束后，Q 端输出"0"。 如果 S 端信号在计时过程中连续发生"0""1"变化，则 Q 端在第一个上升沿到来时开始输出"1"，在最后一个下降沿带来时开始计时，计时结束后 Q 端输出"0"

（5）定时器编程举例

【例1】 试用定时器编制一个程序，当 S1（地址为 I 0.0）闭合 5s 后 H1（地址为 Q8.0）点亮，当 S1 断开 8s 后 H1 熄灭。

解：H1 需要延时闭合且持续高电平、延时关断且持续低电平。所以使用一个延时 5s 的 S_ODTS 定时器 T1 使 H1 点亮；使用一个延时 8s 的 S_ODT 定时器 T2 对 T1 复位，使 H1 熄灭。具体梯形图电路，如图 2-94 所示。

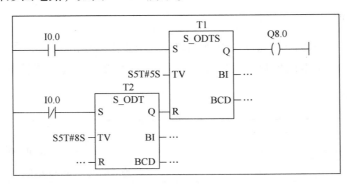

图 2-94　【例1】梯形图电路

【例2】　试用定时器编写一个方波发生程序，方波的高电平持续时间为0.5s，方波的低电平持续时间为1s，方波从Q8.7输出。

解：用一个延时1s的S_ODT定时器T1和一个延时0.5s的S_PEXT定时器T2首尾相连，并在T1的S端对T2的输出取非。方波从T2的Q端输出。具体梯形图电路，如图2-95所示。

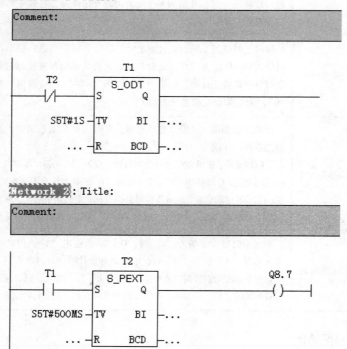

图2-95　【例2】梯形图电路

程序中T1的时间值决定了方波的低电平持续时间，T2的时间值决定了方波的高电平持续时间。

2.4.3　项目实施

在项目三中，我们已经学习了如何使用符号，通过符号的使用，可以大大提高控制程序的可读性，所以在本次项目的实施中，我们将采用符号来代替具体的操作数。

1. 地址分配表

操作数地址	硬件符号	注　　释
I 0.0	S0	紧急按钮，常闭按钮
I 0.1	S1	通风电机M1启动按钮，常开按钮
I 0.2	S2	主电机M2启动按钮，常开按钮

续表

操作数地址	硬件符号	注　　释
I 0.3	S3	主电机 M2 停止按钮，常闭按钮
I 0.4	B6	气流监视器
I 0.5	F4	通风电机 M1 的热继电器
I 0.6	F5	主电机 M2 的热继电器
T 3	K3T	时间继电器
M 2.0		中间存储器，整个系统启动条件
M 2.1		中间存储器，通风电机启动条件
Q 4.0	M1	通风电机
Q 4.1	M2	主电机

2. 符号表的编制

符号可以在程序编写前，在如图 2 - 96 （a）所示 SIMATIC 管理窗口中双击 "Symbols" 图标，打开如图 2 - 96 （b）所示的 "Symbol Editor" 窗口，进行符号表的编制，添加需要的符号。

（a）SIMATIC管理窗口

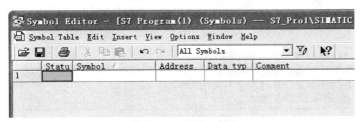

（b）Symbol Editor窗口

图 2 - 96　打开符号编辑窗口的步骤

在 "Symbol Editor" 窗口中输入符号名称、对应的操作数、数据类型以及符号的注释，其中符号名称可以根据编程者的喜好进行编辑。本项目中所使用的符号表参考值如图 2 - 97 所示。

3. 控制程序

在实际控制程序的编写中，工程师们都尽量使用模块化编程方式，主程序尽可能简单明了，主要是一些子程序的调用指令，具体控制指令都是在程序 FC 或程序块 FB 中的。

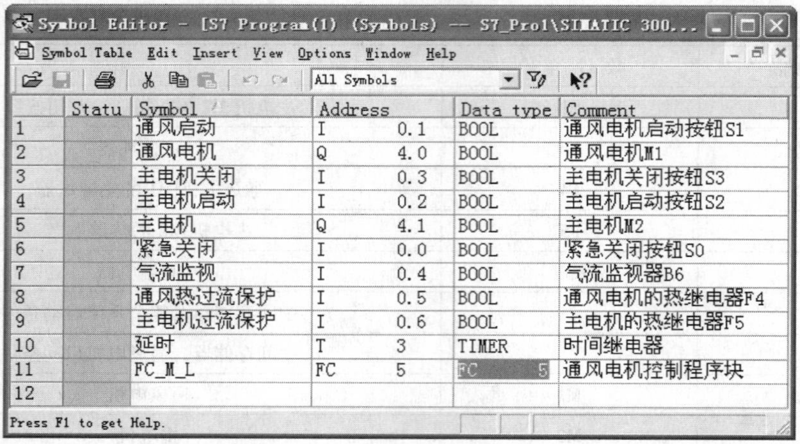

	Statu	Symbol	Address		Data type	Comment
1		通风启动	I	0.1	BOOL	通风电机启动按钮S1
2		通风电机	Q	4.0	BOOL	通风电机M1
3		主电机关闭	I	0.3	BOOL	主电机关闭按钮S3
4		主电机启动	I	0.2	BOOL	主电机启动按钮S2
5		主电机	Q	4.1	BOOL	主电机M2
6		紧急关闭	I	0.0	BOOL	紧急关闭按钮S0
7		气流监视	I	0.4	BOOL	气流监视器B6
8		通风热过流保护	I	0.5	BOOL	通风电机的热继电器F4
9		主电机过流保护	I	0.6	BOOL	主电机的热继电器F5
10		延时	T	3	TIMER	时间继电器
11		FC_M_L	FC	5	FC 5	通风电机控制程序块
12						

图 2－97　符号表参考值

本项目的具体控制程序写在 FC5 中，主程序 OB1 中就只有对 FC5 的无条件调用指令，编程语言仍然使用梯形图方式，如图 2－98 所示。在程序中，每个主要元件上既有操作数，也有标志及其说明，这样就大大提高了程序的可读性，便于以后对程序的编辑。

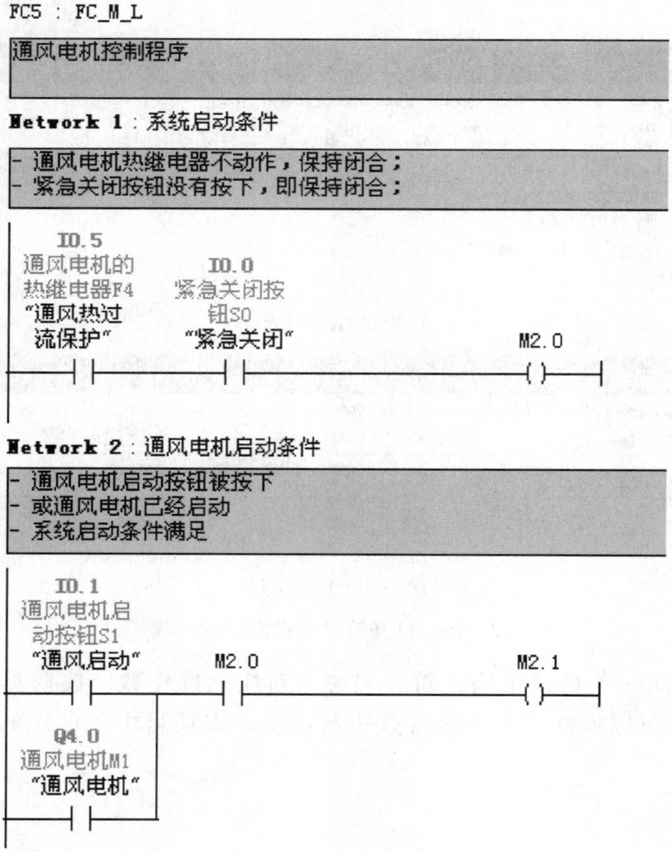

(a)

图 2－98　通风电机控制子程序

Network 3：通风电机启动

```
- 满足通风电机启动条件
- 延时结束
```

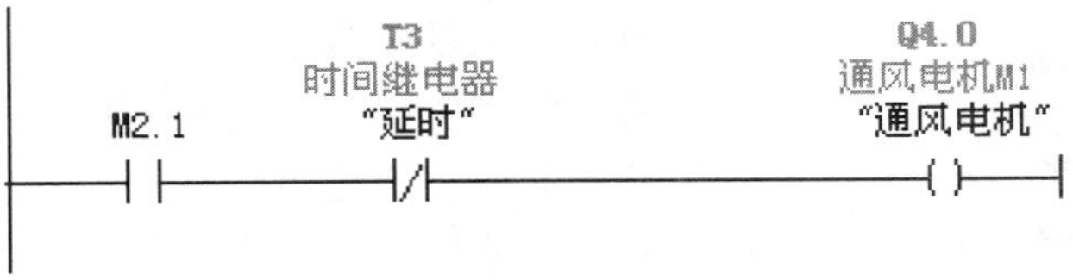

```
                    T3                              Q4.0
                时间继电器                        通风电机M1
      M2.1        "延时"                         "通风电机"
    ──┤├──────────┤/├───────────────────────────────( )──
```

Network 4：延时

```
- 满足通风电机启动条件
- 主电机没有启动
- 延时15s
```

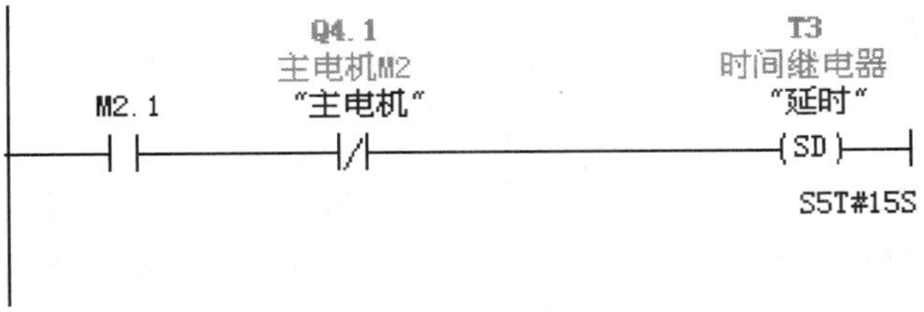

```
                    Q4.1                            T3
                  主电机M2                       时间继电器
      M2.1        "主电机"                         "延时"
    ──┤├──────────┤/├───────────────────────────────(SD)──
                                                  S5T#15S
```

(b)

Network 5：主电机启动

```
- 通风电机已经运转
- 主电机启动按钮按下
- 或者主电机已经运行
- 满足系统启动条件
- 主电机热继电器无动作
- 主电机关闭按钮没有按下
- 气流监视器正常
```

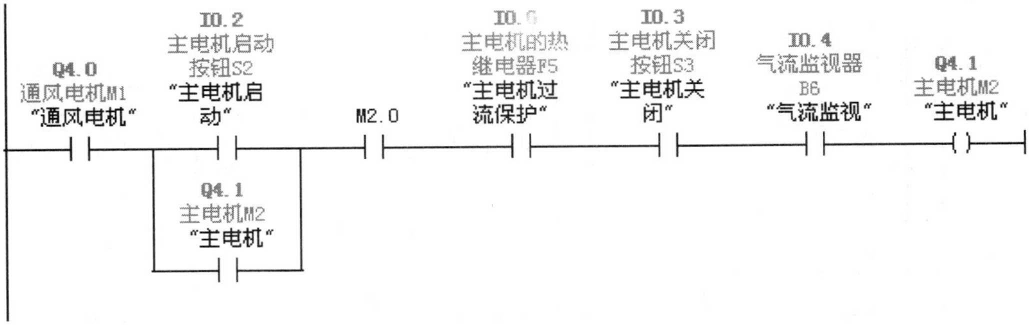

```
                  I0.2                      I0.6        I0.3        I0.4
                主电机启动                  主电机的热   主电机关闭   气流监视器
      Q4.0      按钮S2                      继电器F5    按钮S3       B6          Q4.1
    通风电机M1   "主电机启                              "主电机关    "气流监视"   主电机M2
    "通风电机"   动"        M2.0    "主电机过  闭"                    "主电机"
   ──┤├────────┤├────────┤├────── 流保护"──┤├────────┤├────────┤├──────( )──
                                    ──┤├──
                  Q4.1
                主电机M2
               "主电机"
              ──┤├──
```

(c)

图2-98 通风电机控制子程序（续）

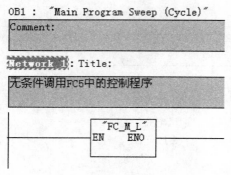

图 2-99　主程序 OB1

因为每个网络只能定义一个输出，所以控制子程序共分为五个网络，分别对系统启动条件、通风电机启动条件、通风电机启动、延时、主电机启动进行了定义。其中延时部分只使用了延时接通线圈而没有使用延时接通定时器，这是因为本程序中只需要延时产生一个二进制的状态变化，并不需要定时器的其他功能输出。在每个网络的注释中对控制条件进行了说明，请读者自行分析。

通风电机控制的主程序 OB1 如图 2-99 所示，内容很简单，只是对子程序 FC5 的无条件调用。

2.4.4　拓展练习：三相绕线式异步电动机的启动控制程序编写

请读者使用在本节学习到的"梯形图"编辑方式，按照下列要求，尝试独立编写一段三相绕线式异步电动机的启动控制程序，程序编写中使用符号。

1．功能描述

在实际工业生产中，对要求启动转矩较大、且能平滑调速的场合，常常采用三相绕线式异步电动机。启动时，在转子回路中接入星形联结、分级切换的三相启动变阻器，并把可变电阻放到最大位置，以减小启动电流，获得较大的启动转矩，随着电动机转速的升高，可变电阻逐渐减小。启动完成后，可变电阻减小到零，转子绕组被直接短路，电动机便在额定状态下运行。

三相绕线式异步电动机的启动电路如图 2-100 所示，启动变阻器分成三级（R1、R2、R3），分别由三个接触器 K2、K3 和 K4 控制。K1 为主接触器，用于控制三相绕线式异步电动机与三相电源的连接。

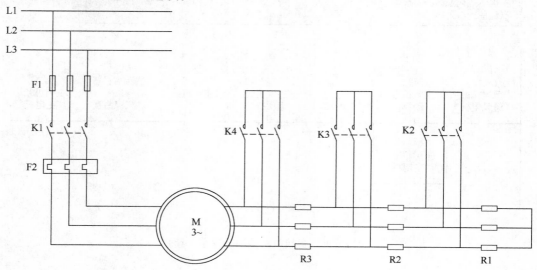

图 2-100　三相绕线式异步电动机的启动电路

2. 控制要求

1）启动按钮 S1（常开型），控制接触器 K1 的主触点，从而实现三相电动机的启动控制。

2）接触器 K2、K3、K4 的触点在三相电动机启动后，分别按顺序延时 5s 后闭合，从而实现电阻 R1、R2、R3 的顺序切除。当 K4 触点闭合，电阻 R3 被切除后，三相电动机在额定状态下运行。

3）停止按钮 S0（常闭型），按下后可以使得接触器 K1 的主触点断开，使三相电动机停止工作。

4）过电流继电器 F2 实现过载保护，当电动机过载时能切断电路，使三相电动机停止工作。

3. 地址分配表（请根据实验设备自行填写）

操作数地址	硬件符号	注 释
	S0	
	S1	
	F2	
	K1	
	K2	
	K3	
	K4	
T1		实现 5s 延时
T2		实现 5s 延时
T3		实现 5s 延时

注意：

1）每个网络（Network）只能定义一个输出。如果有多个输出，则需要定义多个 Network。

2）在不同的网络中，延时用的定时器或定时线圈不能复用，否则容易出现错误。

4. 符号表（请根据实际情况和个人喜好自行填写）

Symbol	Adress	Data typ	Comment

2.5 项目四 人行道信号灯控制

2.5.1 项目描述

现在有一个人行横道线信号灯系统，如图2－101所示。机动车由红、黄、绿三色信号灯控制，行人由红、绿两色信号灯控制。该信号灯系统有两种工作模式：白天模式和夜间模式。

（1）白天模式

信号灯系统工作在自动模式，按照一个固定的系统周期重复进行不同信号灯的切换。信号灯系统一个周期（16s）的时序图如图2－102所示，图中时钟信号的频率为1Hz。

（2）夜间模式

通过夜间模式开关 S0 可以进行白天模式和夜间模式的切换。在夜间模式下，信号灯系统中只有机动车黄灯工作，以 1Hz 的工作频率闪烁。

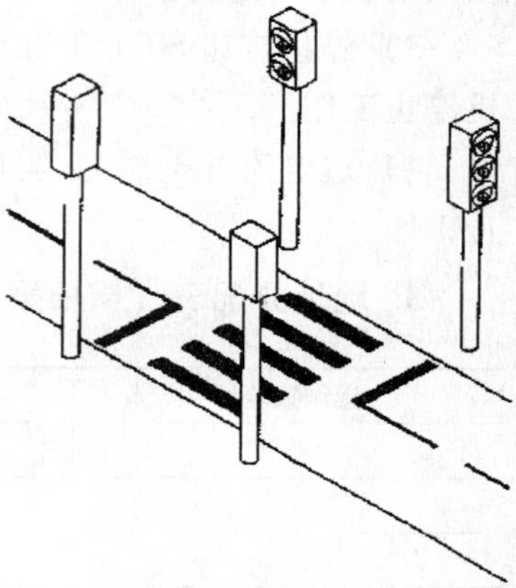

图2－101　人行横道线信号灯系统

请使用梯形图方式编写该人行横道线信号灯系统的控制程序。

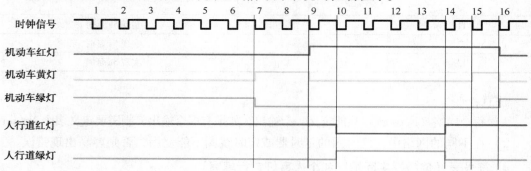

图2－102　白天模式信号灯系统一个周期的信号时序图

2.5.2 知识链接

1. 计数器简介

（1）计数器的作用

计数器可以对某个逻辑信号上升沿的数量进行加1计数或减1计数。一般在工业自动化控制现场，如果要对产品的数量进行统计时，则可以选用加1计数方式；如果要用产品的数量对某些位置实施控制时，则可以选用减1计数方式。

（2）编程列表中的计数器文件夹

在 LAD/STL/FBD 编辑器的编程元件列表中，计数器可以在"Counter"文件夹中找到，如图 2 – 103 所示。

在"Counter"文件夹中共有六种图标，其含义如下：

- S_CUD　　双向计数器
- S_CD　　降值计数器
- S_CU　　升值计数器
- --- (SC)　　设置计数器线圈
- --- (CU)　　升值计数器线圈
- --- (CD)　　降值计数器线圈

其中，S_CUD（双向计数器）的功能最齐全，其他计数器都是在此计数器功能的基础上进行缩减，所以在此仅针对 S_CUD 计数器进行介绍。

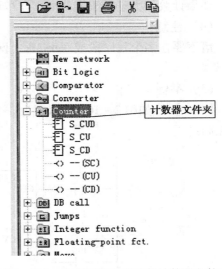

图 2 – 103　编程元件列表中的计数器文件夹

2. S_CUD 双向计数器

（1）符号（见图 1 – 104）

（2）引脚

脚①——CU：当前计数值的加 1 触发端。

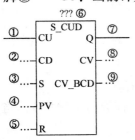

图 1 – 104　S_CUD　双向计数器

脚②——CD：当前计数值的减 1 触发端。

脚③——S：计数初值置入条件端，当此端出现上升沿时，将计数初值置入计数器。

脚④——PV：计数初值写入端。写入时用 S7 的常数专用格式（C# <初值>），其中初值的范围为 0 ~ 999。

脚⑤——R：计数器的二进制输出值复位端。当复位端口为高电平时，输出值复位为 0，且复位端优先于其他端口。

脚⑥：计数器序号。此处写入计数器的序号，表示所使用的是第几个计数器，其格式为"Cn"，n 的取值范围一般为 0 ~ 63。

脚⑦——Q：计数器的二进制状态输出端。当前计数值为 0 时，输出状态为"0"；当前计数值不为 0，输出状态为"1"。

脚⑧——CV：当前计数值输出端。当前计数值以 16 位二进制数形式输出。

脚⑨——CV_BCD：当前计数值 BCD 码输出端。当前计数值以 16 位 BCD 码形式输出。

（3）功能说明

如果输入 S 有上升沿，S_CUD（双向计数器）预置为输入 PV 的值。如果输入 R 为 1，则计数器复位，并将计数值设置为零。

如果输入 CU 的信号状态从"0"切换为"1"（上升沿），并且计数器的值小于"999"，则计数器的值增 1。

如果输入 CD 有上升沿，并且计数器的值大于"0"，则计数器的值减 1。

如果两个计数输入端（CU、CD）都有上升沿，则执行两个指令，并且计数值保持不变。如果已设置计数器，并且输入 CU/CD 的 RLO = 1，则即使没有从上升沿到下降沿或下降沿到上升沿的切换，计数器也会在下一个扫描周期进行相应的计数。

如果计数值大于等于零（"0"），则输出 Q 的信号状态为"1"。

（4）注意

请不要在多个程序段或 Network（网络）中使用相同序号的计数器，否则计数可能出现错误。

（5）举例

【例1】 如图 2 - 105 所示，为一个使用计数器 C9 的"梯形图"控制程序。请描述其控制过程。

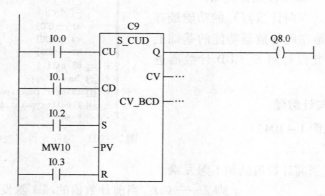

图 2 - 105 计数器应用举例 1

【解】 计数器的预设值已经存储在中间存储器 MW10 中。

如果 I0.2 从"0"变为"1"，则计数器预设为 MW10 中的值。

如果 I0.0 的信号状态从"0"改变为"1"，则计数器 C9 的计数值将增加 1，当 C10 的值等于"999"时除外。

如果 I0.1 从"0"改变为"1"，则 C9 中的计数值减少 1，但当 C9 的值为"0"时除外。

如果 C9 的计数值不等于零，则 Q8.0 为"1"。

【例2】 试用"梯形图"方式编写一个循环加 1 的计数程序，该计数程序能对输入端 I1.1 的方波脉冲从 0 开始加 1 计数，当计数满 99 后计数值自动归 0，并且在输入方波的作用下从 0 开始重新加 1 计数。

【解】 程序如图 2 - 106 所示，因为此处只执行加 1 计数，所以也可以使用 S_CU 计数器。根据要求把 I1.1 与计数器 C10 的"CU"端相连；计数值以二进制数的形式存入中间字存储器 MW8 中；当计数满 99 后，MW8 中的数值为"0063H"，此时 M 9.6、M 9.5、M 9.1 和 M 9.0 的状态均为"1"，所以只需要根据这 4 位中间位存储器的状态进行逻辑"与"判别，然后用此状态控制计数器的复位端，即可实现自动归 0 的要求。

3. 时钟存储器

时钟存储器是一种特殊的中间存储器类型。时钟存储器的二进制状态周期性变化，从而形成占空比为 0.5 的矩形波。通过事先的参数设定，可以将 CPU 的时钟赋值给任意一个中间存储器字节，这样就形成了一个时钟存储器。在后续的控制程序中就可以使用该时钟存储器了，比如在信号灯闪烁频率控制的程序或者是其他的一些周期性发生的过程（比如对实际值的采样等）就要应用到时钟存储器。

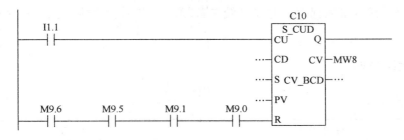

图2-106 计数器应用举例2

在S7系列可编程序控制器的中间存储器M中，可以任意指定一个字节，例如MB100，作为时钟存储器。时钟存储器字节中每一个bit所对应的时钟频率如表2-7所示。

表2-7 时钟存储器字节中每一个bit所对应的时钟频率

bit	7	6	5	4	3	2	1	0
周期/s	2.0	1.6	1.0	0.8	0.5	0.4	0.2	0.1
频率/Hz	0.5	0.625	1	1.25	2	2.5	5	10

在使用时钟存储器前，先要进行时间存储器的设定。使用项目二中介绍的冗余值设定方法中的步骤打开CPU属性对话框（见图2-80），选择其中的"Cycle/Clock Memory"周期/时钟存储器页，其设置窗口如图2-107所示。

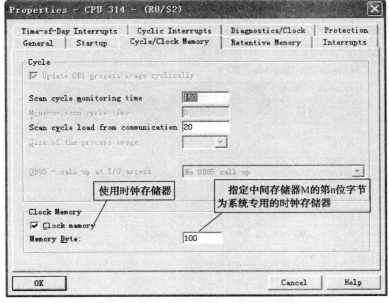

图2-107 "Cycle/Clock Memory"周期/时钟存储器设置窗口

在设置窗口的下方为时钟存储器的设置部分，单击左下方的方框，打钩表示使用时钟存储器，右下方的小方框中可以指定专门的中间存储器字节作为时钟存储器。完成设置后，单击"OK"按钮后可以保存并退出设置窗口。与冗余值设定相同，在关闭硬件配置对话框时要选择带参数保存，并将系统参数模块下载后，才能在控制程序中使用时钟存储器。

2.5.3　项目实施

1. 地址分配表

操作数地址	硬 件 符 号	注　　释
I 0.0	S0	工作模式转换开关。"0"为白天模式，"1"为夜间模式
Q 4.0	H1	机动车红灯
Q 4.1	H2	机动车黄灯
Q 4.2	H3	机动车绿灯
Q 4.3	H4	人行道红灯
Q 4.4	H5	人行道绿灯
M100.5		1Hz 时钟脉冲
M2.0		计数器复位标志
MW0		计数器计数值，主要使用其中的 MB1.0～MB1.4
C1		计数器 1

2. 控制程序

控制程序的编写沿用模块化编写方式。其控制程序在 FC1 中编写，主程序 OB1 只需要对 FC1 无条件调用即可。具体程序如下：

（1）1Hz 时钟信号与计数器（Network 1）（见图 2−108）

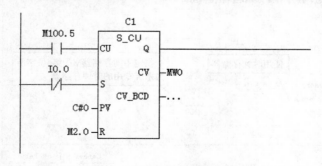

图 2−108　1Hz 时钟信号与计数器

程序中 M100 是事先设置的时钟存储器，其第 5bit 对应的时钟信号是 1Hz。计数器采用的是升值计数器 S_CU，初始值设置为 0，由工作模式开关对其置位（白天模式时计数启动），中间存储器 M2.0 对其复位，计数器是对 1Hz 的矩形脉冲进行计数，计数值存入 **MW0** 中（后续程序只使用其中的 M1.0 ~ M1.4）。

（2）计数器复位标志（见图 2 – 109）

Network 2：计数器的复位

计数器复位条件：
- 计数值满16，即M1.4为1
- 模式开关打在夜间模式，即I0.0为1

M1.4 ———| |———————————————————— M2.0 —( )—

I0.0 ———| |———

图 2 – 109　计数器复位标志

计数器 C1 的 16 位 2 进制计数值存入 MW0 中，所以 M1.4 ~ M1.0 是最后 5 位。当 **M1.4** 为"1"时，计数值等于 16，此时代表已经有了 16 个频率是 1Hz 的矩形脉冲，即代表一个控制周期的结束，需要对计数器复位，开始一个新的计数周期。

当工作模式开关打到夜间模式时，计数器是不需要工作的，故也要对其进行复位。

（3）机动车红灯控制（见图 2 – 110）

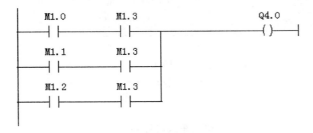

M1.3	M1.2	M1.1	M1.0	
1	0	0	1	9s
1	0	1	0	10s
1	0	1	1	11s
1	1	0	0	12s
1	1	0	1	13s
1	1	1	0	14s
1	1	1	1	15s

在上述7种情况下总的分成3种：M1.3 + M1.0; M1.3 + M1.1; M1.3 + M1.2.

图 2 – 110　机动车红灯控制

从项目描述的时序图中可以看出，机动车红灯的工作时间是第 9s 至第 15s，共计 7s。

此时 M1.3 ~ M1.0 的状态可以从程序上面注释中发现其规律，其规律如下：

M1.0 = M1.3 = "1"：9s、11s、13s、15s

M1.1 = M1.3 = "1"：10s、11s、14s、15s

M1.2 = M1.3 = "1"：12s、13s、14s、15s

所以程序中不需要把 7 种可能性均进行说明，而只需要将总结的 3 种规律加以说明即可。

（4）机动车黄灯控制（见图 2 – 111）

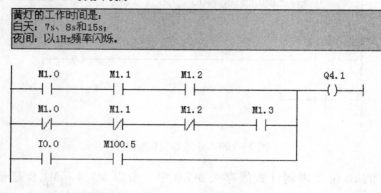

图 2 – 111　机动车黄灯控制

按照时序图的表述和系统说明，机动车黄灯在白天工作模式时，每个控制周期只工作 3s，即第 7s、第 8s 和第 15s；夜间工作模式时（I 0.0 = "1"），机动车黄灯以 1Hz（M100.5）的频率闪烁。

程序中 M1.0 = M1.1 = M1.2 = "1" 时，只有当计数值是 7 或 15 时才可能出现，即代表一个周期中的第 7s 和第 15s；当 M1.0 = M1.1 = M1.2 = "0" 且 M1.3 = "1" 时，则代表第 8s。

（5）机动车绿灯控制（见图 2 – 112）

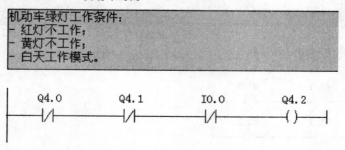

图 2 – 112　机动车绿灯控制

机动车绿灯工作的条件比较简单，即机动车红灯和黄灯都不工作，且模式开关打在白天模式。这样就可以不对绿灯的工作时序进行描述，使控制程序大大地简化了。

（6）人行道红灯控制（见图2－113）

Network 6：人行道红灯

在白天工作模式下，人行道红灯工作时间是1~9s和14~16s。也就是说：10s、11s、12s和13s是不工作的，只要排除上述4种情况就可以了。

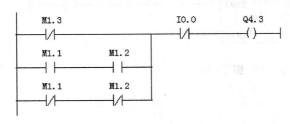

图2－113　人行道红灯控制

在白天工作模式下，人行道红灯工作时间是 1～9s 和 14～16s。也就是说：第10s、11s、12s 和13s 是不工作的，只要排除上述 4 种情况就可以了。

（7）人行道绿灯控制（见图2－114）

白天工作模式下，人行道红灯不亮时，人行道绿灯工作。

（8）OB1 主程序（见图2－115）

Network 7：人行道绿灯

白天工作模式下，人行道红灯不亮时，人行道绿灯工作。

图2－114　人行道绿灯控制

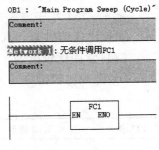

图2－115　OB1 主程序

主程序的内容只有一个，即对控制子程序 FC1 进行调用即可。

2.5.4　项目拓展

1．梯形图指令中的装入和传送指令

梯形图指令中的 MOVE 功能块能实现装入和传送指令，传送的数据长度为 8 位（1 个字节）、16 位（1 个字）或 32 位（1 个双字）。其功能块如图2－116 所示。

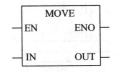

图2－116　装入和传送操作功能块 MOVE

当允许输入端 EN 为 "1" 时，允许执行传送操作，使输出 OUT 等于输入 IN，同时允许输出端 ENO 被置 "1"。如果允许输入端 EN 为 "0"，则不进行传送操作，并使得允许输出端 ENO 也为 "0"。

【例】　要求当输入 I0.0 为 "1" 时执行传送操作，将计数器 C0 的计数值传送到中间存储器 MW0 中，并使输出端 Q4.1 的状态也为"1"。

【解】　程序如图 2 – 117 所示。

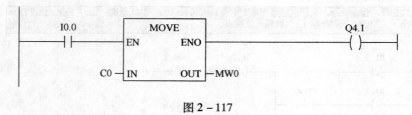

图 2 – 117

2. 比较指令

（1）比较的种类

S7 系列 PLC 中，常见比较的种类有以下几种（IN1 和 IN2 为比较的对象）：

= =　IN1 等于 IN2

< >　IN1 不等于 IN2

>　IN1 大于 IN2

<　IN1 小于 IN2

> =　IN1 大于或等于 IN2

< =　IN1 小于或等于 IN2

如果比较结果为"真"，则逻辑运算结果 RLO 为"1"。

（2）常用比较指令

1）整数比较指令（见表 2 – 8）。

表 2 – 8　整数比较指令

STL 指令	LAD 指令	操 作 数	数 据 类 型	说　　明
= = I	CMP==I IN1 IN2	输入 输出 IN1 IN2	BOOL BOOL INT INT	IN1 与 IN2 是否相等： ● 相等，输出"1" ● 不等，输出"0"
< > I	CMP<>I IN1 IN2	输入 输出 IN1 IN2	BOOL BOOL INT INT	IN1 与 IN2 是否相等： ● 相等，输出"0" ● 不等，输出"1"
> I	CMP>I IN1 IN2	输入 输出 IN1 IN2	BOOL BOOL INT INT	IN1 是否大于 IN2： ● 大于，输出"1" ● 小于或等于，输出"0"

续表

STL 指令	LAD 指令	操 作 数	数据类型	说　　明
< I	CMP<1 IN1 IN2	输入 输出 IN1 IN2	BOOL BOOL INT INT	IN1 是否小于 IN2： ● 小于，输出 "1" ● 大于或等于，输出 "0"
> = I	CMP>=1 IN1 IN2	输入 输出 IN1 IN2	BOOL BOOL INT INT	N1 是否大于等于 IN2： ● 大于等于，输出 "1" ● 小于，输出 "0"
< = I	CMP<=1 IN1 IN2	输入 输出 IN1 IN2	BOOL BOOL INT INT	IN1 是否小于等于 IN2： ● 小于等于，输出 "1" ● 大于，输出 "0"

例如：

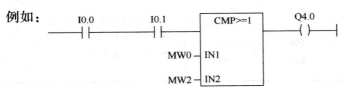

当满足下列条件时，输出 Q4.0 = "1"。

● 输入 I0.0 和 I0.1 的信号状态为 "1"；

● 且 MW0 > = MW2。

2）双整数比较指令（见表 2 – 9）。

表 2 – 9　双整数比较指令

STL 指令	LAD 指令	操 作 数	数据类型	说　　明
= = D	CMP==D IN1 IN2	输入 输出 IN1 IN2	BOOL BOOL DINT DINT	IN1 与 IN2 是否相等： ● 相等，输出 "1" ● 不等，输出 "0"
< > D	CMP<>D IN1 IN2	输入 输出 IN1 IN2	BOOL BOOL DINT DINT	IN1 与 IN2 是否相等： ● 相等，输出 "0" ● 不等，输出 "1"

续表

STL 指令	LAD 指令	操 作 数	数据类型	说 明
> D	CMP>D IN1 IN2	输入 输出 IN1 IN2	BOOL BOOL DINT DINT	IN1 是否大于 IN2： ● 大于，输出"1" ● 小于或等于，输出"0"
< D	CMP<D IN1 IN2	输入 输出 IN1 IN2	BOOL BOOL DINT DINT	IN1 是否小于 IN2： ● 小于，输出"1" ● 大于或等于，输出"0"
> = D	CMP>=D IN1 IN2	输入 输出 IN1 IN2	BOOL BOOL DINT DINT	N1 是否大于等于 IN2： ● 大于等于，输出"1" ● 小于，输出"0"
< = D	CMP<=D IN1 IN2	输入 输出 IN1 IN2	BOOL BOOL DINT DINT	IN1 是否小于等于 IN2： ● 小于等于，输出"1" ● 大于，输出"0"

例如：

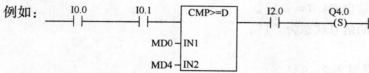

如果满足下列条件，输出 Q4.0 被置位。

● 输入 I0.0 和 I0.1 的信号状态为"1"；

● 且 MD0 > = MD4；

● 同时输入 I2.0 的信号状态为"1"。

3）实数比较指令（见表 2 – 10）。

表 2 – 10　实数比较指令

STL 指令	LAD 指令	操 作 数	数据类型	说 明
= = R	CMP==R IN1 IN2	输入 输出 IN1 IN2	BOOL BOOL REAL REAL	IN1 与 IN2 是否相等： ● 相等，输出"1" ● 不等，输出"0"

续表

STL 指令	LAD 指令	操 作 数	数据类型	说　明
< > R	CMP<>R —IN1 —IN2	输入 输出 IN1 IN2	BOOL BOOL REAL REAL	IN1 与 IN2 是否相等： ● 相等，输出"0" ● 不等，输出"1"
> R	CMP>R —IN1 —IN2	输入 输出 IN1 IN2	BOOL BOOL REAL REAL	IN1 是否大于 IN2： ● 大于，输出"1" ● 小于或等于，输出"0"
< R	CMP<R —IN1 —IN2	输入 输出 IN1 IN2	BOOL BOOL REAL REAL	IN1 是否小于 IN2： ● 小于，输出"1" ● 大于或等于，输出"0"
> = R	CMP>=R —IN1 —IN2	输入 输出 IN1 IN2	BOOL BOOL REAL REAL	N1 是否大于等于 IN2： ● 大于等于，输出"1" ● 小于，输出"0"
< = R	CMP<=R —IN1 —IN2	输入 输出 IN1 IN2	BOOL BOOL REAL REAL	IN1 是否小于等于 IN2： ● 小于等于，输出"1" ● 大于，输出"0"

3. 拓展练习：计数器与定时器的扩展

（1）计数器的扩展（示例）

在 S7—300 系列 PLC 中，单个计数器的最大计数值是 999，如果要求对大于 999 的数值计数，就要对计数器进行扩展。结合使用传送指令和比较指令，可以将两个计数器级联，实现最大计数值可达 999^2。这样 n 个计数器级联，最大计数值可达 999^n。

两个计数器级联程序：C0 低位计数器，C1 高位计数器。C0 每计数满 999，C1 计数值加 1，这样就实现了最大计数值 C0 计数值 * C1 计数值 = 999^2。程序如图 2 - 118 所示。

（2）定时器的扩展

在 S7—300 系列 PLC 中，定时器的最大定时值是 9990s，如果定时要求超过该值时，则需要对定时器进行扩展。一种比较好的解决方案是用计数器和定时器进行级联，可以使定时范围接近无限地进行扩展。

现在希望读者通过对计数器扩展示例的学习，设计一个定时值是 999h 的定时器，并使用梯形图编辑方式写出其程序。

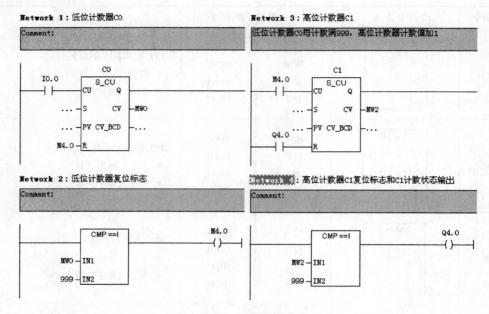

图 2 – 118   计数器扩展程序

2.6   项目五   7 段数码管显示控制程序

2.6.1   项目描述

某台自动化系统中运用了 7 段数码管作为显示界面。数字 0 ~ 9 是通过四个开关 S0 ~ S3 以 BCD 码的形式产生，然后这些数字通过 7 段数码管显示出来。所以必须为该自动化系统的数码管编写一段显示控制程序。

7 段数码管显示十进制数的方式如图 2 – 119 所示。

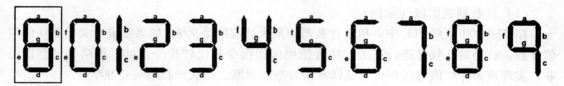

图 2 – 119   7 段数码管显示十进制数的方式

2.6.2   知识链接：语句表（STL）指令（一）

在 PLC 控制程序的编写过程中，使用梯形图（LAD）或功能块图（FBD）编辑方式的优点在于方便、快捷和直观，但是这两种编辑方式无法实现比较复杂的控制过程，比如间接寻址功能等。此时就需要使用语句表（STL）编辑方式，因为在三种程序编辑方式中，STL 编辑方式表达功能最强、实现最灵活。在实际工程领域中，工程师们往往使用 STL 编辑方式或其他高级编程语言来编写子程序或定义功能模块，然后在主程序中使用 LAD 或 FBD 编辑方式对子程序或功能模块进行调用，这样既有利于增强控制程序的可读性，同时也便于对控制程序的修改调试。

由于篇幅所限，在本知识链接中将只介绍 S7—300 系列 PLC 常用指令的使用方法。完整的指令系统在本书附录中将以表格的形式进行汇总，请读者自行查阅。

1. 位逻辑指令

位逻辑指令处理两个数字，"1"和"0"。这两个数字构成二进制数字系统的基础，称为二进制数字或二进制位。在触点与线圈领域，"1"表示动作或通电，"0"表示未动作或未通电。

位逻辑指令扫描信号状态"1"和"0"，并根据布尔（BOOL）逻辑对它们进行组合。这些组合产生结果"1"或"0"，称为逻辑运算结果（RLO）。

（1）基本位逻辑指令

- A ＜操作数＞ "与"指令
- AN ＜操作数＞ "与非"指令
- O ＜操作数＞ "或"指令
- ON ＜操作数＞ "或非"指令
- X ＜操作数＞ "异或"指令
- XN ＜操作数＞ "异或非"指令

例如：

  A I 0.0

  A I 0.1

  A I 0.2

上述指令的作用是，将输入 I 0.0、I 0.1 和 I 0.2 进行"与"逻辑运算。

注意：在 LAD/STL/FBD 编辑器中，使用 STL 编辑方式时，一行只能写一条指令，每个 Network 的首行指令不能是"或"和"或非"逻辑指令。

（2）输出赋值、复位、置位指令

1）= ＜操作数＞赋值指令。是将逻辑运算结果（RLO）写入寻址位。

例如：

  A I 0.0

  A I 0.1

  = Q 4.0

上述指令的作用是，将 I 0.0 与 I 0.1 相"与"后，结果从 Q 4.0 输出。

如果想把某个位逻辑变量传送给另一个位逻辑变量，则可以使用一次"与"操作，然后直接进行赋值操作。

例如：

  A I 0.0

= Q 4.0

上述指令的作用是，将 I 0.0 的状态赋值给 Q 4.0。

2）R < 操作数 > 复位指令。该指令是当复位条件满足时（RLO = 1），对复位指令中的寻址位写入"0"，否则寻址位状态保持。

例如：

A I 0.0

R Q 4.1

上述指令的作用是，当 I 0.0 的状态等于"1"时，Q 4.1 复位为"0"；当 I 0.0 的状态为"0"时，Q 4.1 的状态不变。

3）S < 操作数 > 置位指令。该指令是当置位条件满足时（RLO = 1），对置位指令中的寻址位写入"1"，否则寻址位状态保持，执行下一条指令。

例如：

A I 0.0

S Q 4.1

上述指令的作用是，当 I 0.0 的状态等于"1"时，Q 4.1 置位为"1"；当 I 0.0 的状态为"0"时 Q 4.1 的状态不变。

（3）指令执行嵌套表达式

在使用 STL 编辑方式时，往往会碰到希望将一组逻辑运算嵌套入其他逻辑运算中，此时可以使用嵌套表达式。常用形式如下：

- A（   "与"操作嵌套开始
- AN（   "与非"操作嵌套开始
- O（   "或"操作嵌套开始
- ON（   "或非"操作嵌套开始
- X（   "异或"操作嵌套开始
- XN（   "异或非"操作嵌套开始
- ）   嵌套闭合

例如：

A（

O I 1.0

O I 1.1

）

A（

O I 1.2

O I 1.3

）

= Q 4.0

上述指令的作用是，输入变量 I 1.0 与 I 1.1、I 1.2 与 I 1.3 先进行"或"逻辑运算，然后将两个"或"运算的结果进行"与"逻辑运算，结果送入 Q 4.0。

（4）提取 RLO 上升沿和下降沿的指令

1）FN＜操作数＞下降沿。在 RLO 从"1"变为"0"时检测到一个下降沿，并以 RLO＝1 显示。

注意：

在每一个程序扫描周期过程中，RLO 位的信号状态都将与前一周期中获得的结果进行比较，看信号状态是否有变化。前一 RLO 的信号状态必须保存在边沿标志地址（FN 指令后的＜操作数＞）中，以进行比较。如果在当前和先前的 RLO 状态之间检测到下降沿，则在操作之后，RLO 位将为"1"。

例如：提取输入触点信号（I 1.0）下降沿的方法：

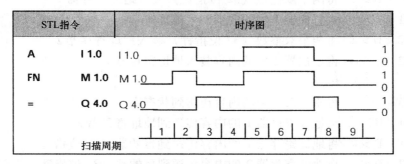

上面指令中，中间存储器 M 1.0 是用来存储上一个扫描周期 RLO 的状态。这是因为 FN 指令检测到的是 RLO 的状态变化，而不是触点的状态变化。在一般情况下，RLO 并不与某个触点的状态直接相关。

2）FP＜操作数＞上升沿。在 RLO 从"0"变为"1"时检测到一个上升沿，并以 RLO＝1 显示。

注意：

在每一个程序扫描周期过程中，RLO 位的信号状态都将与前一周期中获得的结果进行比较，看信号状态是否有变化。前一 RLO 的信号状态必须保存在边沿标志地址（FP 指令后的＜操作数＞）中，以进行比较。如果在当前和先前的 RLO 状态之间检测到上升沿，则在操作之后，RLO 位将为"1"。

例如：提取输入触点信号（I 1.0）上升沿的方法：

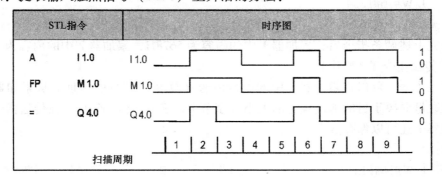

同样的，上面指令中中间存储器 M 1.0 是用来存储上一个扫描周期 RLO 的状态。

2. 装入和传输指令

使用装入（L）和传送（T）指令，可以对输入或输出模块与存储区之间的信息交换进行编程。CPU 在每次扫描中将无条件执行这些指令，也就是说这些指令不受 RLO 的影响。

下面是常用装入和传送指令：

（1） L   装入
- L STW   将状态字装入累加器 1
- LAR1 AR2   将地址寄存器 2 的内容装入地址寄存器 1
- LAR1 < D >   将两个双整数（32 位指针）装入地址寄存器 1
- LAR1   将累加器 1 中的内容装入地址寄存器 1
- LAR2 < D >   将两个双整数（32 位指针）装入地址寄存器 2
- LAR2   将累加器 2 中的内容装入地址寄存器 1

（2） T   传送
- T STW   将累加器 1 中的内容传送到状态字
- TAR1 AR2   将地址寄存器 1 的内容传送到地址寄存器 2
- TAR1 < D >   将地址寄存器 1 的内容传送到目的地（32 位指针）
- TAR2 < D >   将地址寄存器 2 的内容传送到目的地（32 位指针）
- TAR1   将地址寄存器 1 中的内容传送到累加器 1
- TAR2   将地址寄存器 2 中的内容传送到累加器 1
- CAR   交换地址寄存器 1 和地址寄存器 2 的内容

其中基本的装入（L）和传送（T）指令使用最多，特别是在对字节（B）、字（W）和双字（D）的操作过程中能起到数据移动的作用，所以此处仅针对这两条指令做简单介绍。

（1）装入指令 L <操作数>

使用该指令，可以在累加器 1 的原有内容保存到累加器 2，并复位累加器 1 为"0"之后，将寻址字节、字或双字装入累加器 1 中。

例如：

    L W#16#1234

    L W#16#5678

执行完上述两条指令后，累加器 1 中的内容为 5678H，累加器 2 中的内容为 1234H。

（2）传输指令 T <操作数>

使用该指令，可以将累加器 1 中的内容传送（复制）到目的地址。从累加器 1 中复制的字节数量取决于目的地址规定的大小（字节 B、字 W 或双字 D）。在传送指令执行完后，累加器 1 还可以保存数据。

例如：

    L W#16#FEDC

L W#16#BA98

　　　　T MW8

　　执行完上述两条指令后，累加器 1 中的内容为 BA98H，中间字存储器 MW8 中的内容为 BA98H。

3. 数据块指令

　　可以使用打开数据块（OPN）指令打开一个数据块作为共享数据块或背景数据块。一个程序自身同时只能打开一个共享数据块和一个背景数据块。

　　可供使用数据块指令有：

- OPN　　　　　打开数据块
- CDB　　　　　交换共享数据块和背景数据块
- L DBLG　　　将共享数据块的长度装入累加器 1 中
- L DBNO　　　将共享数据块的块号装入累加器 1 中
- L DILG　　　将背景数据块的长度装入累加器 1 中
- L DINO　　　将背景数据块的块号装入累加器 1 中

　　（1）数据块打开指令 OPN DBn

　　数据块打开指令 OPN DBn 中，指令中的"n"是数据块 DB 的序号，表示需要打开第几个数据块。

　　（2）数据块的访问

　　在访问数据块前，必须事先打开数据模块，打开数据块指令不能放在访问数据块指令之后。

　　没有关闭数据块的专门指令，当一个新的数据块被打开时，原来打开的数据块就会被自动关闭。例如：

STL 指令	解　　释
OPN DB10	打开数据块 DB10 作为背景数据块
L　　DBW35	将打开数据块的数据字 35，将其装入累加器 1 低字中
T　　MW22	将累加器 1 低字中的内容传送到中间字存储器 MW22
OPN DB20	打开数据块 DB20 作为背景数据块
L　　DBB12	将打开背景数据块的数据字节 12 装入累加器 1 的低字节中
T　　DBB37	将累加器 1 字节中的内容传送到背景数据块 DB20 的数据字节 37 中

　　执行完上述指令后，只有数据块 DB20 是被打开的。在后续程序中如果还要访问 DB10 中的数据，则需要再次使用"OPN DB10"的指令。

4. 比较指令

　　比较指令用于对累加器 2 与累加器 1 中的数据进行比较。比较的数据类型可以是整数（INT）、双整数（DINT）或实数（REAL），但是必须保证进行比较的两个数据的类型相同。

比较指令中的比较类型有六种："＝＝"等于，"＜＞"不等于，"＞"大于，"＜"小于，"＞＝"大于等于，"＜＝"小于等于。

如果比较的结果为真，则 RLO＝1，否则 RLO＝0。

（1）比较整数（16 位）指令

1）指令形式：

＝＝I，＜＞I，＞I，＜I，＞＝I，＜＝I

2）应用举例：

STL 指令	解　释
L MW 10	装入中间字存储器 MW10 的内容（16 位整数）
L IW 24	装入输入字 IW24 的内容（16 位整数）
＞I	比较累加器 2 低字中的内容（MW10）是否大于累加器 1 低字中的内容（IW24）
＝M 2.0	如果 MW10＞IW24，则 RLO＝1，M 2.0 为"1"

（2）比较双整数（32 位）指令

1）指令形式：

＝＝D，＜＞D，＞D，＜D，＞＝D，＜＝D

2）应用举例：

STL 指令	解　释
L MD 10	装入中间双字存储器 MD10 的内容（32 位双整数）
L ID 24	装入输入双字 ID24 的内容（32 位双整数）
＞D	比较累加器 2 中的内容（MD10）是否大于累加器 1 中的内容（ID24）
＝M2.0	如果 MD10＞ID24，则 RLO＝1，M2.0 为"1"

（3）比较实数（32 位）指令

1）指令形式：

＝＝R，＜＞R，＞R，＜R，＞＝R，＜＝R

2）应用举例：

STL 指令	解　释
L MD10	装入中间双字存储器 MD10 的内容（32 位浮点数）
L 1.359E＋02	装入常数 1.359E＋02
＞R	比较累加器 2 中的内容（MD10）是否大于累加器 1 中的内容（1.359E＋02）
＝M2.0	如果 MD10＞1.359E＋02，则 RLO＝1，M2.0 为"1"

5. 移位指令

使用移位指令，可以将累加器 1 低字中的内容或整个累加器 1 的内容向左或向右逐位移动。将累加器 1 中的内容左移相当于将累加器 1 中的内容乘以 2^n（n 为所指定的移动位数）；同样，将累加器 1 中的内容右移相当于将累加器 1 中的内容除以 2^n。例如，如果将十进制数值"3"的等效二进制数左移 3 位，则累加器 1 中的结果是十进制数"24"（$3 \times 2^3 = 24$）的二进制数。如果将十进制数值"16"的等效二进制数右移 2 位，则累加器 1 中的结果是十进制数"4"的二进制数。

执行移位指令后所空出的位既可以用零填入，也可以用符号位的信号状态填入（"0"代表"正"，"1"代表"负"）。移出累加器的内容将丢失。移位操作是无条件的，也就是说，它们的执行不根据任何条件，也不影响 RLO，如表 2 – 11 所示。

表 2 – 11　移位指令及其说明

指令形式	移位数值	说　　明
SSI < 数值 >	0 ~ 15	使用 SSI（右移有符号整数）指令，可以将累加器 1 低 16 位（0 ~ 15 位）中的内容逐位右移。由移位指令空出的位用符号位（第 15 位）的信号状态填充
SSD < 数值 >	0 ~ 32	使用 SSD（右移有符号双整数）指令，可以将累加器 1 中的内容逐位右移。由移位指令空出的位用符号位的信号状态填充
SLW < 数值 >	0 ~ 15	使用 SLW（字左移）指令，可以将累加器 1 低字中的内容逐位左移。由移位指令空出的位用"0"填充
SRW < 数值 >	0 ~ 15	使用 SRW（字右移）指令，可以将累加器 1 低字中的内容逐位右移。由移位指令空出的位用"0"填充
SLD < 数值 >	0 ~ 32	使用 SLD（双字左移）指令，可以将累加器 1 中的内容逐位左移。由移位指令空出的位用"0"填充
SRD < 数值 >	0 ~ 32	使用 SRD（双字右移）指令，可以将累加器 1 中的内容逐位右移。由移位指令空出的位用"0"填充
RLD < 数值 >	0 ~ 32	使用 RLD（双字循环左移）指令，可以将累加器 1 中的内容逐位循环左移。通过循环移位指令空出的位都填充以从累加器 1 移出位的信号状态
RRD < 数值 >	0 ~ 32	使用 RRD（双字循环右移）指令，可以将累加器 1 中的内容逐位循环右移。通过循环移位指令空出的位都填充以从累加器 1 移出位的信号状态

【例 1】　执行"SSI6"指令前后，累加器 1 的内容。

内　容	累加器1高字				累加器1低字			
位	31…	…	…	…16	15…	…	…	…0
SS1 6执行之前	0101	1111	0110	0100	1001	1101	0011	1011
SS1 6执行之后	0101	1111	0110	0100	1111	1110	0111	0100

不变　　　　　　　　　　　　往右移动6位，空出位由第
　　　　　　　　　　　　　　　15位符号位的"1"填充

【例2】 执行"SSD 7"指令前后，累加器1的内容。

内　容	累加器1高字				累加器1低字			
位	31…	…	…	…16	15…	…	…	…0
SSD 7执行之前	1000	1111	0110	0100	0101	1101	0011	1011
SSD 7执行之后	1111	1111	0001	1110	1100	1000	1011	1010

往右移动7位，空出位由第
31位符号位的"1"填充

【例3】 执行"SLW 5"指令前后，累加器1的内容。

内　容	累加器1高字				累加器1低字			
位	31…	…	…	…16	15…	…	…	…0
SLW 5执行之前	0101	1111	0110	0100	0101	1101	0011	1011
SLW 5执行之后	0101	1111	0110	0100	1010	0111	0110	0000

不变　　　　　　　　往左移动5位，空出位由"0"填充

【例4】 执行"RLD 4"指令前后，累加器1的内容。

内　容	累加器1高字				累加器1低字			
位	31…	…	…	…16	15…	…	…	…0
RLD 4执行之前	0101	1111	0110	0100	0101	1101	0011	1011
RLD 4执行之后	1111	0110	0100	0101	1101	0011	1011	0101

循环左移4位，最高4位移出至低4位，其他位数值依次左移

6. 控制指令

CPU在运行程序时，总是从上至下逐条执行每一条指令。而控制指令能控制程序的执行顺序，使得CPU能根据不同的情况执行不同的指令系列。在STEP 7中，控制指令分为逻辑控制指令和程序控制指令两大类。

（1）逻辑控制指令

逻辑控制指令是指在逻辑模块内的跳转和循环指令，这些指令改变了程序原有的线性逻辑流，使程序转移到另外的程序地址，并重新开始扫描。转移到的新地址用目标地址标号（简称标号）表示，在一个逻辑模块内的标号必须是唯一的，不得重复；在不同的逻辑模块内，标号可以重复使用。标号最多为4个字符，首字符必须是字母，其余字符可以是字母或数字。在STL编辑方式中，标号后必须有冒号相连，后面连接目标指令。

1）无条件跳转指令。无条件跳转指令用于无条件中断正常的程序逻辑流。

●　无条件跳转指令JU＜标号＞是中断正常的程序逻辑流，使程序无条件转移到标号地址，然后继续执行。

●　跳转表格指令JL＜标号＞实质是多路分支跳转指令，在该指令后是一系列无条件跳转到标号的指令，多路分支的路径参数存放在累加器1中。

2）条件跳转指令。条件跳转指令是当跳转条件的RLO＝1或是状态字中的标志位满足要求时，改变程序的逻辑流。常用条件跳转指令及说明如表2-12所示。

表 2 - 12　常用条件跳转指令及说明

STL 指令	说　明
JC <标号>	当 RLO = 1 时跳转
JCN <标号>	当 RLO = 0 时跳转
JCB <标号>	当 RLO = 1，且 BR = 1 时跳转，指令执行时将 RLO 保存至 BR 中
JNB <标号>	当 RLO = 0，且 BR = 0 时跳转，指令执行时将 RLO 保存至 BR 中
JBI <标号>	当 BR = 1 时跳转
JNBI <标号>	当 BR = 0 时跳转
JO <标号>	当 OV = 1 时跳转
JOS <标号>	当 OS = 1 时跳转，且指令执行时，OS 清零
JZ <标号>	累加器 1 中的计算结果为 0 时跳转
JN <标号>	累加器 1 中的计算结果不为 0 时跳转
JP <标号>	累加器 1 中的计算结果为正时跳转
JM <标号>	累加器 1 中的计算结果为负时跳转
JMZ <标号>	累加器 1 中的计算结果小于等于 0 时跳转
JPZ <标号>	累加器 1 中的计算结果大于等于 0 时跳转
JUO <标号>	实数溢出（无效数）跳转

例如：

STL 指令	解　释
L IW8	
L MW12	
XOW	
JN NOZE	如果累加器 1 低字的内容不等于 "0"，则跳转到标号 NOZE
AN M4. 0	如果没有执行跳转，则继此继续程序扫描
S M4. 0	
JU NEXT	无条件跳转到标号 NEXT
NOZE：AN M4. 1	在跳转到跳转标号 NOZE 之后重新进行程序扫描
S M4. 1	
NEXT：NOP 0	在跳转到跳转标号 NEXT 之后重新进行程序扫描

　　3）循环指令 LOOP <标号>。使用循环控制指令 LOOP 可多次重复执行特定的程序段，这样可以简化循环控制编程。累加器 1 的低字传输给循环计数器，如果累加器 1 低字中的值不为 "0"，则累加器 1 低字中的值减 "1"，并跳转到标号处；如果累加器 1 低字中的值为 "0"，则继续执行其后的指令。循环体是指循环标号和循环指令 LOOP 之间的程序段。

　　例如：

STL 指令	解　释
L L#1	将整数常数（32 位）装入累加器 1
T MD20	将累加器 1 中的内容传送到中间双字存储器 MD20（初始化）
L 5	将循环周期次数 "5" 装入累加器 1 低字中
NEXT：T MW10	跳转标号 = 循环开始/将累加器 1 低字中的内容传送到循环计数器，累加器 1 存入 MW10 中的内容。

续表

STL 指令	解　释
L MD20	
*D	将 MD20 的当前内容乘以 MB10 的当前内容
T MD20	将相乘结果传送到 MD20
L MW10	累加器 1 重新装入循环计数器的内容
LOOP NEXT	如果累加器 1 低字中的内容大于"0"，则累加器 1 中的内容减"1"，并跳转到 NEXT 跳转标号
L MW24	循环结束之后重新进行程序扫描

（2）程序控制指令

程序控制指令是指对功能模块（FB、FC、SFB、SFC）的调用指令和对逻辑模块（OB、FB、FC）的结束指令。模块的调用和结束可以是无条件的，或者是有条件的。

常用程序控制指令及说明如表 2 – 13 所示。

表 2 – 13　常用程序控制指令及说明

STL 指令	说　明
CALL	无条件调用功能模块 FB，FC，SFB，SFC
UC	无条件调用功能模块（一般是 FC 和 SFC），不能传递参数
CC	RLO = 1 时，调用功能块（一般是 FC），不能传递参数
BEU	无条件结束当前模块的扫描，将控制返回给调用模块
BEC	RLO = 1 时，结束当前模块的扫描，将控制返回给调用模块；RLO = 0 时，则将 RLO 置"1"，程序继续在当前模块内扫描

例如：

STL 指令	解　释
CALL FB 20，DB 20	调用功能模块 FB 20，并指明背景数据模块 DB 20
IN1：= I 1.0	将 I 1.0 分配给形式参数 IN1
IN2：= I 1.2	将 I 1.2 分配给形式参数 IN2
IN3：= MW 12	将 MW12 分配给形式参数 IN3
OUT：= MW 20	将 MW20 分配给形式参数 OUT
L　MW 20	调用结束后，将 FB 20 的运行结果装入累加器 1

2.6.3　项目实施

1. 7 段数码管显示控制程序的地址分配表

操作数地址	硬件符号	注　释
I 0.0	S0	BCD 码输入开关，第 0 位
I 0.1	S1	BCD 码输入开关，第 1 位

续表

操作数地址	硬件符号	注 释
I 0.2	S2	BCD 码输入开关，第 2 位
I 0.3	S3	BCD 码输入开关，第 3 位
Q 4.0	段 a	控制段 a，状态"1"时，段 a 点亮
Q 4.1	段 b	控制段 b，状态"1"时，段 b 点亮
Q 4.2	段 c	控制段 c，状态"1"时，段 c 点亮
Q 4.3	段 d	控制段 d，状态"1"时，段 d 点亮
Q 4.4	段 e	控制段 e，状态"1"时，段 e 点亮
Q 4.5	段 f	控制段 f，状态"1"时，段 f 点亮
Q 4.6	段 g	控制段 g，状态"1"时，段 g 点亮

2. 显示控制程序

在本项目的知识链接中，我们已经学习了语句表（STL）编辑方式，所以在本项目 7 段数码管显示控制程序的编写中，要求使用 STL 编辑方式。本控制程序存在两种解决方案，一种是普通算法，另一种是利用查表方式的优化算法。

（1）普通算法

首先对 4 个输入信号 I 0.0 ~ I 0.3 进行识别，确定输入的数值是 0 ~ 9 中哪一个；然后利用 10 个中间存储器 M 0.0 ~ M 1.1 作为 10 个数值 0 ~ 9 的标识，如 M 0.0→数值 0，M 0.7→数值 7，M 1.0→数值 8 等；最后针对每个数值编写一段专用的显示控制程序。

例如：数值 0 的显示控制程序

STL 指令	解释	
AN I 0.3	//：输入 BCD 码第 3 位为"0"	
AN I 0.2	//：输入 BCD 码第 2 位为"0"	$2^3 \times 0 + 2^2 \times 0 + 2^1 \times 0 + 2^0 \times 0 = 0$
AN I 0.1	//：输入 BCD 码第 1 位为"0"	
AN I 0.0	//：输入 BCD 码第 0 位为"0"	
= M 0.0	//：输入数值为 0，将标识 M 0.0 置"0"	
O M 0.0	//：数值 0 的标识	
O M 0.2	//：数值 2 的标识	
O M 0.3	//：数值 3 的标识	
O M 0.5	//：数值 5 的标识	根据图 2 - 119 所示，数值为 0、2、3、5、6、7、8、9 时，段 a 被点亮
O M 0.6	//：数值 6 的标识	
O M 0.7	//：数值 7 的标识	
O M 1.0	//：数值 8 的标识	
O M 1.1	//：数值 9 的标识	
= Q 4.0	//：段 a 点亮	
⋮	//：省略端 b，c，d，e，f 的控制语句，其结构与段 a 的相同	

从上面的程序语句可以看出，普通算法很大的一个缺点是其控制语句冗长，这样CPU每个扫描周期的时间就拉长了，不利于其他子程序的添加和执行。所以本项目将不采用这种算法。

（2）查表算法

在本算法中，使用了类似于 C 语言中的指针。只需要先编写一个共享数据模块，如DB 10；然后将每个数值对应的应该点亮的段以控制字节的形式写入该数据模块；最后在程序中通过查询数据模块，取得相应的控制字节后，直接输出到输出端即可。

1）共享数据模块 DB 10。在 STEP 7 中有两大类数据模块：共享数据模块和背景数据模块。共享数据模块用以存放大量的数据，用户可以对其进行编辑，所有的逻辑功能模块（OB、FB、FC 等）都可以对其进行访问。而背景数据模块则只能用作功能块模块 FB 的背景，其中存储的是相应功能模块 FB 的运行变量，用户不能对其进行编辑，其他逻辑功能模块也不能对其进行访问。

由于本项目中未用到背景数据模块，故下面重点对共享数据模块进行说明。

a）新建共享数据模块 DB 10。在"SIMATIC Manager"项目管理窗口中，采用与新建功能模块（如 FB、FC 等）相同的方法，选择插入数据模块（Data Block），此时 STEP 7会弹出如图 2 – 120 所示的数据模块属性设置对话框。

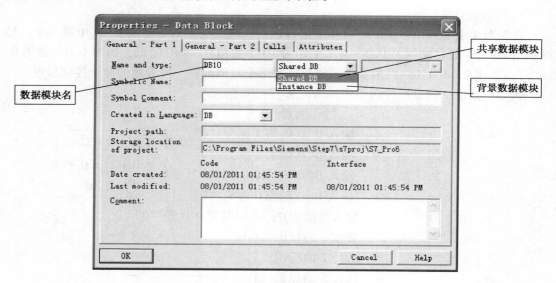

图 2 – 120　数据模块属性设置对话框

本项目中使用的是共享数据模块，所以在数据模块类型的选择中，选"Shared DB"。同时默认的数据模块序号是 DB1，可以根据需要修改。由于编程时背景数据模块序号一般与其对应的功能块模块 FB 序号相同，所以共享数据模块序号一般都取较大的序号，将较小的序号留给背景数据模块，比如本项目中使用 DB10。

b）共享数据模块的定义。所谓共享数据模块的定义就是把数据事先放入共享数据模块中。当控制程序对共享数据模块进行数据读出前，这些数据应事先在共享数据模块中存在；当控制程序要对共享数据模块进行数据写入前，同样要对共享数据模块事先进行定义，即这些数据的写入地址必须事先在共享数据模块中建立。

本项目中，共享数据模块 DB 10 中的数据说明了，输入数值 0~9 与输出 Q4.0~Q4.6（段 a~段 g）之间的关系。输入数值与输出的关系如表 2-14 所示。

表 2-14　输入数值与输出的关系

输 入 数 值	- g f e	d c b a	数 据 类 型	输出 16 进制数
0	0 0 1 1（3）	1 1 1 1（F）	Byte	B#16#3F
1	0 0 0 0（0）	0 1 1 0（6）	Byte	B#16#06
2	0 1 0 1（5）	1 0 1 1（B）	Byte	B#16#5B
3	0 1 0 0（4）	1 1 1 1（F）	Byte	B#16#4F
4	0 1 1 0（6）	0 1 1 0（6）	Byte	B#16#66
5	0 1 1 0（6）	1 1 0 1（D）	Byte	B#16#6D
6	0 1 1 1（7）	1 1 0 1（D）	Byte	B#16#7D
7	0 0 0 0（0）	0 1 1 1（7）	Byte	B#16#07
8	0 1 1 1（7）	1 1 1 1（F）	Byte	B#16#7F
9	0 1 1 0（6）	0 1 1 1（7）	Byte	B#16#67
>9（错误输入）	0 1 1 1（7）	1 0 0 1（9）	Byte	B#16#79（显示 E）

从表 2-12 中可以看出，总共有 10 种情况：数值 0~9 正常情况，通过点亮相应的段，显示数值；>9 是错误情况，显示 E（error）。根据表 2-12 总结的情况，双击"SIMIATIC Manager"窗口中的 DB 10 图标，打开数据模块定义窗口，如图 2-121 所示。

```
LAD/STL/FBD  - [DB10 -- S7_Pro6\SIMIATIC 300 Station\CPU314(1)]
File  Edit  Insert  PLC  Debug  View  Options  Window  Help

Address   Name     Type        Initial value  Comment
   0.0              STRUCT
  +0.0   DB_VAR    INT          0              Temporary placeholder variable
  =2.0             END_STRUCT
```

图 2-121　共享数据模块 DB 10 的定义窗口

窗口中 Address（地址）栏中的数据是由 STEP 自动定义的，用户无法对其进行编辑；Name（数据名）栏中用户根据数据的情况，必须输入一个数据标记（不能使用中文作为标记），今后使用该数据时，无需写地址，可以直接使用其标记；Type（类型）栏中，用户需要输入数据的类型，用户可以右击该栏，选择"Elementary Types"命令，从弹出的选择菜单中进行选择，本项目中该栏类型选择"BYTE"（字节）；Initial value（初始值）栏中，用户需要输入该数据的数据值；Comment（注释）栏是用于对数据的补充说明，该栏可以选择填写。

图 2 – 122 是数据输入后的共享数据模块 DB 10 的定义窗口。

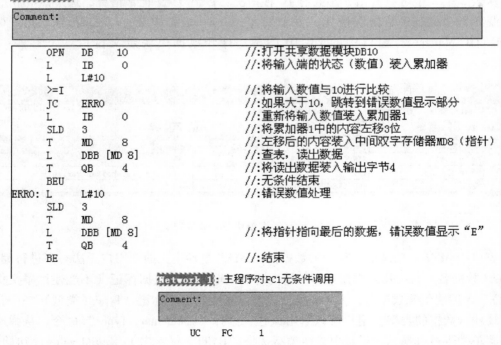

图 2 – 122　输入数据后的共享数据模块 DB 10 定义窗口

数据输入完成后，在"File"菜单中选择"Save"命令完成数据的保存，关闭定义窗口，即完成了共享数据模块 DB 10 的定义。

2）控制程序。7 段数码管显示控制程序（STL 语句表编辑方式），如图 2 – 123 所示。

Network 1：7段数码管显示控制子程序

Comment:

```
        OPN   DB    10          //:打开共享数据模块DB10
        L     IB    0           //:将输入端的状态（数值）装入累加器
        L     L#10
        >=I                     //:将输入数值与10进行比较
        JC    ERRO              //:如果大于10，跳转到错误数值显示部分
        L     IB    0           //:重新将输入数值装入累加器1
        SLD   3                 //:将累加器1中的内容左移3位
        T     MD    8           //:左移后的内容装入中间双字存储器MD8（指针）
        L     DBB  [MD 8]       //:查表，读出数据
        T     QB    4           //:将读出数据装入输出字节4
        BEU                     //:无条件结束
ERRO:   L     L#10              //:错误数值处理
        SLD   3
        T     MD    8
        L     DBB  [MD 8]       //:将指针指向最后的数据，错误数值显示"E"
        T     QB    4
        BE                      //:结束
```

Network 1：主程序对FC1无条件调用

Comment:

```
            UC    FC    1
```

图 2 – 123　7 段数码管显示控制子程序 FC1 和主程序 OB1

a）指针的使用。控制程序的核心是查表，程序中使用了"指针"中间双字存储器 MD 8。作为"指针"，双字结构如图2－124所示。

图2－124　双字结构"指针"内部结构

图中，第0位至第2位是位地址，第3位至第18位是字节地址，第19位至第31位是无效位。

在共享数据模块DB 10中，数据的类型是BYTE（字节），所以要使用"指针"中的第3位至第18位的字节地址信息，而位地址信息应该置0舍弃。

程序中"SLD 3"指令就是将输入的二进制数值左移3位，将其作为字节地址信息装入 MD 8 中，从而在查表时能作为"地址指针"使用。

b）查表。由于在共享数据模块中是按顺序定义了数值0~9的输出字节，所以输入的数值就可以作为数据模块的行信息来使用。

程序中查表的指令就一条"L DBB［MD 8］"。其含义是将共享数据模块DB 10中第［MD 8］行的BYTE信息装入累加器1中。MD 8就是上面提及的地址指针，其内容由输入数值决定。

c）错误输入的处理。在实际使用中，通过4个开关实现BCD码的输入很有可能发生错误，比如输入数值的大小超过9，此时控制程序应该能做出合理的响应，显示"E"表示错误输入。

在程序中，解决的方法是将输入数值与十进制数10比较，当发生大于等于的情况，程序自动跳转到错误处理程序段。此时将"地址指针"指向共享数据模块信息的最后一行，把显示"E"的输出字节送入输出端。

查表算法与前一种普通算法相比，程序中指令数大约只有普通算法的十分之一，大大缩减了控制程序的规模，缩短了执行控制程序所需要的时间。所以读者在实际工程实践中，在编写控制程序之前应该首先注意控制程序算法的设计。

2.6.4　项目拓展

1. 定时器指令

在梯形图编辑方式中，已经对S7—300系列PLC的定时器作了介绍，此处就定时器的STL指令进行介绍。

（1）脉冲定时器：SP＜定时器＞

使用该指令，可以在RLO从"0"变为"1"时（即上升沿），以设定的定时值启动定时器。只要RLO＝1，定时间就持续计时。如果在设定时间间隔到以前，RLO变为"0"，则定时器停止。所以该定时器也称为上升沿启动、不带存储的延时关断型定时器。

例如：

STL 指令	解　释
A　I 2.1	
L　S5T#10s	预设定时值 10s 放入累加器 1 中
SP　T1	以脉冲定时器方式启动定时器 T1
A　I 2.2	
R　T1	复位定时器 T1
A　T1	检查定时器 T1 的信号状态
＝　Q 4.0	
L　T1	将定时器 T1 的当前时间值作为二进制码装入
T　MW10	
LC　T1	将定时器 T1 的当前时间值作为 BCD 码装入
T　MW12	

时序图如下：

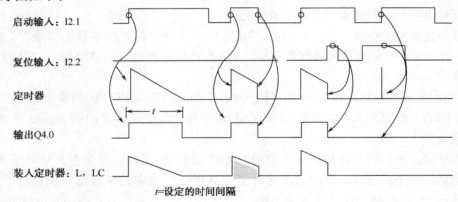

t=设定的时间间隔

（2）扩展定时器：SE <定时器 >

使用该指令，可以在 RLO 从 "0" 变为 "1" 时（上升沿），以设定的定时值启动指定的定时器。即使计时期间 RLO 变为 "0"，定时器仍保持运行，直到达到定时器的定时值时才被复位。如果在设定的定时值到达以前，RLO 从 "0" 变为 "1"，则重新开始计时。所以该定时器也称为上升沿启动、带存储的延时关断型定时器。

例如：

STL 指令	解　释
A　I 2.1	
L　S5T#10s	预设定时值 10s 放入累加器 1 中
SE　T1	以延时脉冲定时器方式启动定时器 T1
A　I 2.2	
R　T1	复位定时器 T1

STL 指令	解　释
A　T1	检查定时器 T1 的信号状态
=　Q 4.0	
L　T1	将定时器 T1 的当前时间值作为二进制码装入
T　MW10	
LC　T1	将定时器 T1 的当前时间值作为 BCD 码装入
T　MW12	

时序图如下：

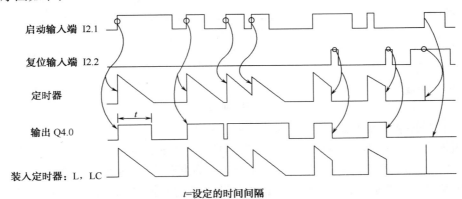

t=设定的时间间隔

（3）接通延时定时器：SD＜定时器＞

使用该指令，可以在 RLO 从"0"变为"1"时（上升沿），以设定的定时值启动定时器。只要 RLO＝1，即开始进行设定时间值的计时，达到设定时间值后，定时器的输出从"0"变为"1"并保持，直到 RLO＝0 时，定时器被复位。如果在设定定时值达到以前，RLO 变为"0"，则定时器被复位定时停止。所以该定时器也被称为上升沿启动、不带存储的延时接通型定时器。

例如：

STL 指令	解　释
A　I 2.1	
L　S5T#10s	预设定时值 10s 放入累加器 1 中
SS　T1	以延时接通定时器方式启动定时器 T1
A　I 2.2	
R　T1	复位定时器 T1
A　T1	检查定时器 T1 的信号状态
=　Q 4.0	
L　T1	将定时器 T1 的当前时间值作为二进制码装入
T.　MW10	

续表

STL 指令	解　　释
LC　T1	将定时器 T1 的当前时间值作为 BCD 码装入
T　MW12	

时序图如下：

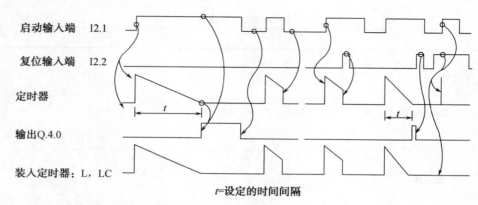

t=设定的时间间隔

（4）保持型接通延时定时器：SS < 定时器 >

使用该指令，可以在 RLO 从 "0" 变为 "1" 时（上升沿），以设定的定时值启动定时器。即使在计时期间 RLO 变为 "0"，定时器仍保持运行。达到设定的定时值后，定时器的输出从 "0" 变成 "1" 并保持。如果在设定的定时值到达以前，RLO 从 "0" 变为 "1"，则重新开始设定的定时值计时，只有利用复位指令才能使定时器复位。所以该定时器也被称为上升沿启动、带存储的延时接通型定时器。

例如：

STL 指令	解　　释
A　I 2.1	
L　S5T#10s	预设定时值 10s 放入累加器 1 中
SS　T1	以保持型延时接通定时器方式启动定时器 T1
A　I 2.2	
R　T1	复位定时器 T1
A　T1	检查定时器 T1 的信号状态
=　Q 4.0	
L　T1	将定时器 T1 的当前时间值作为二进制码装入
T　MW10	
LC　T1	将定时器 T1 的当前时间值作为 BCD 码装入
T　MW12	

时序图如下：

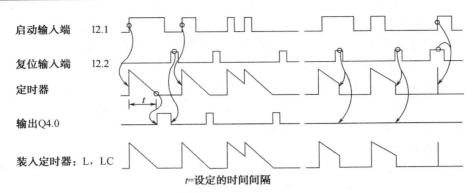

启动输入端 I2.1

复位输入端 I2.2

定时器

输出Q4.0

装入定时器：L，LC

t=设定的时间间隔

（5）关断延时定时器：SF＜定时器＞

使用该指令，可以在 RLO 从"1"变为"0"时（下降沿），以设定的定时值启动定时器。当 RLO ＝1 或定时器运行时，定时器的输出为"1"。当定时器完成设定定时值的计时时，定时器的输出重新变为"0"。如果在设定的定时值达到以前，RLO 变为"1"，则定时器被复位。一直到 RLO 从"1"变为"0"前，定时器不再启动。所以该定时器也被称为下降沿启动、延时关断型定时器。

例如：

STL 指令	解　释
A　I 2.1	
L　S5T#10s	预设定时值 10s 放入累加器 1 中
SF　T1	以延时断开定时器方式启动定时器 T1
A　I 2.2	
R　T1	复位定时器 T1
A　T1	检查定时器 T1 的信号状态
＝　Q 4.0	
L　T1	将定时器 T1 的当前时间值作为二进制码装入
T　MW10	
LC　T1	将定时器 T1 的当前时间值作为 BCD 码装入
T　MW12	

时序图如下：

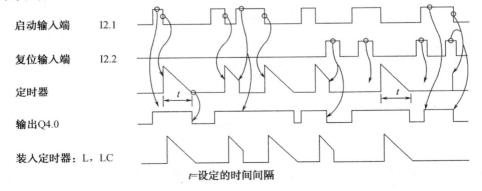

启动输入端 I2.1

复位输入端 I2.2

定时器

输出Q4.0

装入定时器：L，LC

t=设定的时间间隔

（6）定时器选用原则

1）如果要求输出信号为"1"的时间等于定时器的定时值，且要求输入与输出信号状态一致时，可选择脉冲定时器SP。

2）如果要求输出信号为"1"的时间等于定时器的定时值，但不要求输入与输出信号状态一致，不考虑输入信号为"1"的时间长短，可选择扩展定时器SE。

3）如果要求设定的定时值到且输入信号仍为"1"时，输出信号才从"0"变为"1"，可选择接通延时定时器SD。

4）如果要求设定的定时值到，输出信号才从"0"变为"1"，而不考虑输入信号此时的状态，即为"1"的时间长短，可选择保持型接通延时定时器SS。

5）如果要求输入信号从"0"变为"1"时，输出信号也从"0"变为"1"，当输入信号从"1"变为"0"时才开始延时，定时时间到达时输出信号才从"1"变为"0"，可选择关断延时定时器SF。

2. 拓展练习：交流电机的Y/△启动

（1）功能描述

Y/△启动是交流笼型电机的常用减压启动方式之一。将电机定子绕组接成Y形联结启动，启动电流是用△形联结直接启动的三分之一。启动后，当转速达到规定转速，将电机的定子绕组切换成△形联结运行。这种减小启动电流的启动方法，适用于容量大、启动时间长的大功率电机的启动，或者是在电源容量有限的情况下为避免启动电流过大造成电源电压下降过大而使用该种启动方式。

Y/△启动控制的原理图和时序图如图2-125所示。当主接触器K1和Y形接触器K2同时得电闭合时，电机工作在Y形启动状态；当主接触器K1和△形接触器K3同时得电闭合时，电机工作在△形正常运转状态。

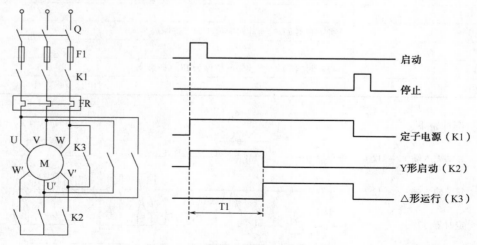

图2-125　Y/△启动控制的原理图和时序图

（2）控制要求

1）为了保证电机和电网的安全，在接通主电源之前，必须保证定子绕组已经完成Y

形连接。即 K2 得电以后，K1 才能得电。

2）为了防止短路的发生，Y 形到 △ 形转换时，必须保证 K2 已经释放的前提条件满足时，K3 才能得电闭合。

3）停止按钮和热继电器的优先级别最高。也就是说，无论在何种情况下，当按下停止按钮或出现过载时，电机应能马上断电。

（3）地址分配表（仅供参考，可根据实际实验设备更改）

操作数地址	硬件符号	注释
I 0.0	S0	停止按钮（常闭）
I 0.1	S1	启动按钮（常开）
I 0.2	F2	热继电器，实现过电流保护
T1		3s 延时，定时器
M 0.0		中间存储器，作为启动 T1 的标志
Q 4.0	K1	电源主接触器
Q 4.1	K2	Y 形接触器
Q 4.2	K3	△ 形接触器

（4）控制程序

控制程序的结构图如图 2 – 126 所示。

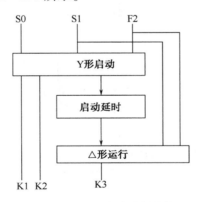

图 2 – 126　Y/△ 启动控制结构图

请读者自行使用 STL 编辑方式编写控制程序。

2.7　项目六　自动药片装瓶机控制程序

2.7.1　项目描述

自动药片装瓶机的功能是将一定数量的药片自动连续装入到药瓶中，装配机的模拟

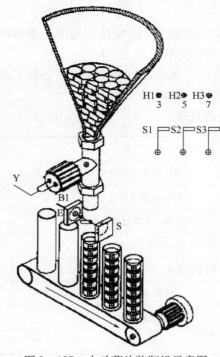

H1● H2● H3●
3   5   7

S1 ⌐S2⌐ S3⌐

Y

B1

B

S

图 2 - 127   自动药片装瓶机示意图

器示意图如图 2 - 127 所示。

按钮 S1、S2 和 S3 是用来控制每瓶装药数量的，当按下 S1 时装入 3 片、按 S2 时装入 5 片、按 S3 时装入 7 片，同时通过指示灯 H1、H2 或 H3 显示当前每瓶的装药数量。

当选定要装入瓶中的药片数量后，按下运行开关，电动机 M 驱动传送带运行，延时 5s 后（或者采用位置检测传感器），当传送带上的药瓶到达位置后，电动机 M 停转。

电磁阀 Y 打开药片储存罐，通过光传感器 B1，对落入药瓶的药片数量进行计数。当药瓶中的药片数达到预先设置的数量后，电磁阀 Y 关闭，电动机 M 重新启动传送药瓶。装药过程如此循环自动运行。

如果当前的装药过程正在进行时，需要改变药片装入数量，如由 3 片改为 5 片，则必须等当前药瓶装药完成后，从下一个药瓶开始才会改变装药的数量。

如果需要停止装药（断开运行开关）时，则只有在当前药瓶完成装药后，系统才会停止运转。

2.7.2   知识链接：语句表（STL）指令（二）

1. 计数器指令

计数器是 STEP 7 编程语言的功能单元之一，用来计数。在 CPU 存储区中留有一块计数器区域，该存储区为每一个计数器保留一个 16 位的字（2 Byte）。语句表指令集提供了 256 个计数器。但是不同类型的 CPU 支持数量不等的计数器，范围是 64 ~ 256 个。

通过使用以下计数器指令，可以在这一范围内改变计数值。

- L   将当前计数器值装入累加器 1
- LC   将当前计数器值作为 BCD 码装入累加器 1
- R   复位计数器
- S   计数器置位
- CU   加计数器
- CD   减计数器

（1）L <计数器 >

使用该指令后，CPU 首先将累加器 1 的内容保存到累加器 2 中，之后将寻址计数器的当前计数值以二进制整数装入累加器 1 的低字中。

例如：指令：L C3   其作用是将计数器 C3 中的计数值以二进制格式装入到累加器 1 的低字中。

（2）L<计数器>

使用该指令后，CPU首先将累加器1的内容保存到累加器2中，之后将寻址计数器的当前计数值以BCD数的形式装入累加器1中。

（3）R<计数器>

使用该指令，可以在RLO=1时，对寻址计数器进行复位。

例如：

```
A I2.3        //检查输入I2.3的状态
R C3          //当I2.3的状态为"1"时，RLO=1，计数器C3被复位
```

（4）S<计数器>

使用该指令，可以在RLO的状态从"0"变为"1"时，将计数从累加器1低字中的值装入寻址计数器。累加器1中的计数值必须是0～999之间的一个BCD数。

例如：

```
A I2.3        //检查输入I2.3的信号状态
L C#3         //将计数值3装入累加器1的低字中
S C1          //当RLO的状态从"0"变为"1"时，计数器C1被置入计数值3
```

（5）CU<计数器>

使用该指令，可以在RLO从"0"变为"1"，且计数器的计数值小于999时，寻址计数器的计数值加1。当计数值到达其上限999时，停止计数。

例如：

```
A   I2.1
CU  C3        //当输入I2.1的状态为"1"时，计数器C3的计数值加1
```

（6）CD<计数器>

使用该指令，可以在RLO从"0"变为"1"，且计数器的计数值大于0时，寻址计数器的计数值减1。当计数值到达其下限0时，停止计数。

例如：

STL 指令	解　释
L C#14	预置计数值14
A I0.1	当I0.1的状态为"1"时，RLO=1
S C1	如果RLO=1，则将预置计数值装入计数器1
A I0.0	当I0.1的状态为"1"时，RLO=1
CD C1	当RLO从"0"变为"1"时，计数器C1中的计数值减1
AN C1	检测C1的计数值是否为0
= Q0.0	如果计数器C1的计数值为0，则Q0.0=1

2. 转换指令

转换指令是将累加器1中的数据进行数据类型转换，转换的结果仍存放在累加器1中。STEP 7能够实现的转换操作有：BCD码与整数及长整数之间的转换、实数与长整数

之间的转换、数的取反取负操作等。在 STEP 7 中，BCD 码的数值有两种表示方法：一种是字格式（16 位）的 BCD 码，其数值范围是 -999 ~ 999；另一种是双字格式（32 位）的 BCD 码，其数值范围是 -9999999 ~ 9999999。BCD 码的最高四位代表符号，0000 表示正、1111 表示负。

（1）BCD 码和整数转换指令（见表 2 - 15）

表 2 - 15　BCD 码和整数转换指令

STL 指令	说　　明
BTI	BCD 转成整数（16 位）
ITB	整数（16 位）转成 BCD
BTD	BCD 转成长整数（32 位）
ITD	整数（16 位）转成长整数（32 位）
DTB	长整数（32 位）转成 BCD
DTR	长整数（32 位）转成实数（32 位）

注意：在执行 BCD 码转换成整数或长整数指令时，如果要转换的数据不是 BCD 码的有效范围（大于 10），则不能进行正确转换，并会导致系统出现 "BCDF" 错误，同时系统的正常运行顺序被终止。

例如：将 MW10 存放的整数 "-413" 转换成 BCD 码，并载入 MW20 中。

STL 指令：

L　MW10　　　//将 MW10 中的整数装入累加器 1 低字中。

ITB　　　　　//将整数转换为 BCD 码，结果保存到累加器 1 中。

T　MW20　　　//将结果（BCD 码）载入 MW20 中。

中间字存储器 MW10 和 MW20 中的内容如图 2 - 128 所示。

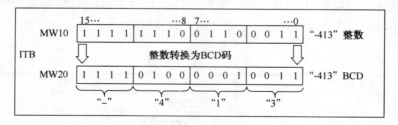

图 2 - 128　转换前后中间字存储器中的内容

（2）实数与长整数的转换

32 位实数和 32 位长整数的转换指令如表 2 - 16 所示。

表 2 - 16　32 位实数和 32 位长整数的转换指令

STL 指令	说　　明
RND	取整，将实数以四舍五入方式化整为最接近的整数，如果小数部分等于 5，则选择偶数结果。例如：1002.5 化整为 1002，1003.5 化整为 1004

STL 指令	说　明
TRUNC	截尾取整，即只取实数的整数部分
RND +	将实数化整为大于或等于该实数的最小整数
RND –	将实数化整为小于或等于该实数的最大整数

因为实数的数值范围要大于 32 位整数，所以不是所有的实数都能正确转换为 32 位长整数的。如果被转换的实数格式超出了 32 位长整数的范围，则在累加器 1 中将得不到有效的转换结果。

例如：

STL 指令	化整前（偶数）	化　整　后	化整前（奇数）	化　整　后
RND	+ 100. 5 – 100. 5	+ 100 – 100	+ 99. 5 – 99. 5	+ 100 – 100
TRUNC	+ 100. 5 – 100. 5	+ 100 – 100	+ 99. 5 – 99. 5	+ 99 – 99
RND +	+ 100. 5 – 100. 5	+ 101 – 100	+ 99. 5 – 99. 5	+ 100 – 99
RND –	+ 100. 5 – 100. 5	+ 100 – 101	+ 99. 5 – 99. 5	+ 99 – 100

（3）数的取反取负

通过表 2 – 17 所示的指令，可以形成一个整数的补码，或转换一个实数的符号。

表 2 – 17　数的取反取负指令

STL 指令	说　明
INVI	对累加器 1 中的整数求反码（16 位）
INVD	对累加器 1 中的长整数求反码（32 位）
NEGI	对累加器 1 中的整数求补码（16 位）
NEGD	对累加器 1 中的长整数求补码（32 位）
NEGR	对累加器 1 中的实数求反（32 位）

对一个数求反码，就是对该数逐位取反，是将累加器的内容按字或双字数据类型进行处理；对一个数求补码，就是对该数逐位取反后再加 1，求补码仅对整数或长整数才有意义；对实数取反，就是将实数的符号位取反。

1）对长整数取反。如表 2 – 18 所示，通过 INVD 指令，累加器 1 中的长整数由之前的 "6F8C63AEH" 转换为 "90739C51H"。

表2-18　对长整数取反

内　　容	累加器1高字				累加器1低字			
位	31…	…	…	…16	15…	…	…	…0
INVD 执行之前	0110	1111	1000	1100	0110	0011	1010	1110
INVD 执行之后	1001	0000	0111	0011	1001	1100	0101	0001

2）求整数的补码（见表2-19）。

表2-19　求整数的补码

内　　容	累加器1低字			
位	15…	…	…	…0
NEGI 执行之前	0101	1101	0011	1000
NEGI 执行之后	1010	0010	1100	1000

3. 运算指令

运算指令能解决自动化控制程序中算术和函数的运算问题。STEP 7 软件提供加、减、乘、除算术运算和一些常用的函数运算指令。

（1）算术运算指令

算术运算指令主要是加、减、乘、除四则运算，数据类型为整数 INT、长整数 DINT 和实数 REAL。

算术运算指令是在累加器中执行的，累加器1是主累加器，累加器2是辅助累加器。与主累加器进行运算的数据是存储在累加器2中的，在执行算术运算指令时，累加器2中的数值作为被减数或被除数，而运算结果则保存在累加器1中，累加器1中原有的数据被运算结果所覆盖，累加器2中的数值保持不变。

在执行算术运算指令时，对逻辑运算结果 RLO 不产生影响，但对状态字中的 CC1、CC0、OV 和 OS 位产生影响，可用条件跳转指令对状态字进行判断操作。

1）整数算术运算指令。使用整数算术运算指令，可以进行两个整数（16 位 INT 或 32 位 DINT）之间的运算，整数算术运算指令如表2-20所示。

表2-20　整数算术运算指令

STL 指令	说　　明
+I	整数加法。将累加器1、2中的低字内容相加，16 位运算结果保存在累加器1的低字中
-I	整数减法。将累加器2低字中的内容减去累加器1低字中的内容，16 位运算结果保存在累加器1的低字中
*I	整数乘法。将累加器1、2中的低字内容相乘，16 位运算结果保存在累加器1的低字中
/I	整数除法。将累加器2低字中的内容除以累加器1低字中的内容，16 位运算结果保存在累加器1的低字中
+D	长整数加法。将累加器1、2中的内容相加，32 位运算结果保存在累加器1中
-D	长整数减法。将累加器2中的内容减去累加器1中的内容，32 位运算结果保存在累加器1中

续表

STL 指令	说　明
* D	长整数乘法。将累加器 1、2 中的内容相乘，32 位运算结果保存在累加器 1 中
/D	长整数除法。将累加器 2 中的内容除以累加器 1 中的内容，32 位运算结果保存在累加器 1 中
+ ＜常量＞	常数加法。累加器 1 中的内容与一个 16 位的整数或 32 位的长整数常量相加，运算结果保存在累加器 1 中
MOD	长整数除法取余。将累加器 2 中的内容除以累加器 1 中的内容，32 位的余数保存在累加器 1 中

例如：下列 STL 指令的功能是将中间字存储器 MW10 和 MW20 中的整数相加，其运算结果减 8 后存入中间字存储器 MW14 中。

```
L  MW10
L  MW20        //将 MW10 的内容存入累加器 2，MW20 的内容存入累加器 1
 +I            //累加器 1、2 中的整数相加，结果存入累加器 1
 +  -8         //加 -8，即实现减 8 运算，结果保存在累加器 1
T  MW14        //累加器 1 中的运算结果存入 MW14 中
```

2）实数四则运算指令。使用实数四则运算指令，可以进行两个 32 位的实数之间的四则运算，实数四则运算指令如表 2-21 所示。

表 2-21　实数四则运算指令

STL 指令	说　明
+ R	实数加法。将累加器 1、2 中的 32 位实数相加，32 位运算结果保存在累加器 1 的低字中
- R	实数减法。将累加器 2 中的内容减去累加器 1 中的内容，32 位运算结果保存在累加器 1 中
* R	实数乘法。将累加器 1、2 中的实数相乘，32 位运算结果保存在累加器 1 中
/R	实数除法。将累加器 2 中的实数除以累加器 1 中的实数，32 位运算结果保存在累加器 1 中

实数四则运算指令的应用方法与长整数四则运算指令的应用方法相同，此处就不再举例了。

3）实数函数运算指令。使用实数函数运算指令，可以对累加器 1 中的单个 32 位实数进行函数运算，实数函数运算指令如表 2-22 所示。

表 2-22　实数函数运算指令

STL 指令	说　明
ABS	浮点数取绝对值
SQR	浮点数平方
SQRT	浮点数开方
EXP	浮点数指数运算

续表

STL 指令	说　明
LN	浮点数自然对数运算
SIN	浮点数正弦运算
COS	浮点数余弦运算
TAN	浮点数正切运算
ASIN	浮点数反正弦运算
ACOS	浮点数反余弦运算
ATAN	浮点数反正切运算

（2）字逻辑运算指令

字逻辑指令按照布尔逻辑将 2 个累加器中的字（16 位）或双字（32 位）逐位进行比较。

对于字，其实是把累加器 2 低字的内容与累加器 1 低字的内容进行逻辑运算。操作的结果被存放在累加器 1 的低字中，原来的内容被覆盖。

对于双字，则是把累加器 2 的内容与累加器 1 的内容进行逻辑运算。操作的结果被存放在累加器 1 中，原来的内容被覆盖。

字逻辑运算指令有如下 6 种：

* AW：16 位数据的"字与"
* OW：16 位数据的"字或"
* XOW：16 位数据的"字异或"
* AD：32 位数据的"双字与"
* OD：32 位数据的"双字或"
* XOD：32 位数据的"双字异或"

例如：

现需要将输入 IW0 和中间字存储器 MW8 中的内容进行"与"逻辑运算，然后将结果送 QW8 输出。STL 指令如下：

```
L   IW 0
L   MW 8         //将 IW 0 的内容存入累加器 2、MW 8 的内容存入累加器 1 中
AW               //"字与"运算，结果存入累加器 1 中
T   QW 8         //将累加器 1 中的运算结果载入输出端 QW 8
```

如果（IW 0）= F6B5H，（MW 8）= 593BH，则执行上述指令后（QW 8）= 5031H。具体执行中内部数据的情况如表 2 – 23 所示。

表 2 – 23　内部数据的情况

位	15…	…	…	…0
AW 执行之前累加器 1 的内容	0101	1001	0011	1011
累加器 2 低字或 16 位常数	1111	0110	1011	0101
AW 执行之后的结果（累加器 1 低字）	0101	0000	0011	0001

2.7.3 项目实施

1. 自动药片装瓶机控制程序的地址分配表

操作数地址	硬 件 符 号	注 释
I 0.1	ON/OFF	系统启动/停止开关
I 0.3	S1	每次装 3 片选择按钮
I 0.4	S2	每次装 5 片选择按钮
I 0.5	S3	每次装 7 片选择按钮
I 0.6	B1	光电传感器
Q 4.1	M	传送带驱动电机
Q 4.2	Y	电磁阀
Q 4.3	H1	3 片指示灯
Q 4.4	H2	5 片指示灯
Q 4.5	H3	7 片指示灯
C1		减 1 计数器（3 片）
C2		减 1 计数器（5 片）
C3		减 1 计数器（7 片）
T1		定时器，用于设定到达装瓶位置所需时间
M 40.0		状态标志 M0
M 40.1		状态标志 M1
M 40.2		状态标志 M2
M 40.3		状态标志 M3
M 40.4		状态标志 M4
M 40.5		状态标志 M5
M 50.0		3 片标志
M 50.1		3 片状态寄存器
M 50.2		5 片标志
M 50.3		5 片状态寄存器
M 50.4		7 片标志
M 50.5		7 片状态寄存器
M 60.6		启动标志
M 60.7		初始化脉冲标志

由于装瓶机有装 3 片、5 片和 7 片三种模式，所以在编写控制程序时必须使用 3 个不同的计数器，否则会出错。同时使用了较多的标志位，这样便于在控制程序的编写中使用模块化结构，可以将控制程序分成多个 Network（网络），提高控制程序的可读性。

2．控制程序流程图

自动装瓶机控制程序如图 2 – 129 所示。

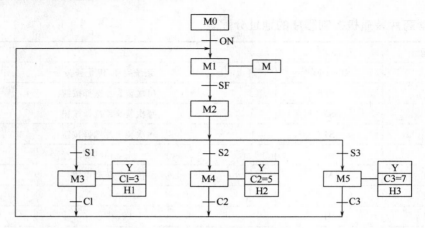

图 2 – 129　自动装瓶机控制程序

流程图中使用了 M0 ~ M5 六个标志，通过这些标志实现各个 Network 之间的相互衔接。其中 M0 是停止标志，M1 是传送带电机启动标志，M2 是药瓶就位标志，M3 是装药 3 片的标志，M4 是装药 5 片的标志，M5 是装药 7 片的标志。

3．控制程序

如项目描述中所述，控制程序在控制自动装药的过程中，必须满足如下控制要求：

● 选定装药数量后，按下系统运行/停止开关后，电动机 M 驱动传送带运行，延时 5s，空药瓶到达位置，电动机 M 停转。

● 电磁阀 Y 打开药片储存罐，通过光传感器 B1，对落入药瓶的药片数量进行计数。完成装药数量后，电磁阀 Y 关闭，电动机 M 重新启动传送药瓶。装药过程如此循环自动运行。

● 如果当前的装药过程正在进行时，需要改变药片装入数量，则必须等当前药瓶装药完成后，从下一个药瓶开始才会改变装药的数量。

● 如果需要停止时，则只有在当前药瓶完成装药后，系统才会停止运转。

本项目的控制程序采用 STL 编辑方式，在编写中充分体现指令编写的优点，使用模块化的编写思路，控制子程序放在 FC1 中，主程序 OB1 直接对 FC1 进行无条件调用。

（1）控制子程序 FC1

1）Network 1：系统预处理。

```
AN      M     60. 6
=       M     60. 7
S       M     60. 6
```

说明：M 60. 6 是启动标志，M 60. 7 是初始化脉冲标志。当 PLC 初次得电启动时，在 M 60. 7 上产生一脉冲作为初次运行程序的一个标志。

2）Network 2：装药 3 片选择。

```
A    I    0.3
AN   I    0.4
AN   I    0.5
=    M   50.0
```

说明：I 0.3 是装药 3 片的选择按钮，I 0.4 和 I 0.5 是装药 5 片和 7 片的按钮。本段程序的作用就是当 I 0.3 被选择后，装药 3 片的标志位 M 50.0 产生高电平。同时程序能防止 3 片、5 片或 7 片按钮被同时按下多个的错误情况。

3）Network 3：装药 3 片记忆。

```
A    M   50.0
S    M   50.1
A  (
O    M   50.2
O    M   50.4
O    M   40.0
)
R    M   50.1
```

说明：当装药 3 片的标志 M 50.0 是高电平时，M 50.1 被置位；当其他装药数量被选择时，M 50.1 被复位。此处，M 50.1 相当于是一个 RS 触发器，实现记忆的功能，从而使得选择按钮按下一次后即可释放（无需长时间连续按住），系统能够记忆用户的选择。

4）Network 4：装药 5 片选择。

```
AN   I    0.3
A    I    0.4
AN   I    0.5
=    M   50.2
```

说明：M 50.2 是装药 5 片的标志。

5）Network 5：装药 5 片记忆。

```
A    M   50.2
S    M   50.3
A  (
O    M   50.0
O    M   50.4
O    M   40.0
)
R    M   50.3
```

说明：M 50.3 是装药 5 片的状态记忆。

6) Network 6：装药 7 片选择。

```
AN      I       0. 3
AN      I       0. 4
A       I       0. 5
=       M       50. 4
```

7) Network 7：装药 7 片记忆。

```
A       M       50. 4
S       M       50. 5
A (
O       M       50. 0
O       M       50. 2
O       M       40. 0
)
R       M       50. 5
```

8) Network 8：状态 0 停止标志。

```
A (
O       M       60. 7
O (
A       M       40. 2
AN      I       0. 1
)
)
S       M       40. 0
A       M       40. 1
R       M       40. 0
```

说明：M 40.0 是状态 0 标志，只有当 M 40.0 是高电平时，自动装药系统停止工作，可以进行人为操作，比如重设装药数量等。通过 M 40.0 可以使控制程序满足在一个空瓶装药期间不能进行系统修改或停止的要求。要对 M 40.0 进行置位，如下条件必须至少满足其中的一条：

- PLC 控制系统初次得电启动。
- 空瓶就位（但未开始装药），并且系统启动/停止开关处于停止位置。

当传动带启动后，M 40.0 被复位。

9) Network 9：状态 1 传送带启动标志。

```
A (
A       M       40. 0
A       I       0. 1
```

```
O
A        M        40. 3
AN       C        1
O
A        M        40. 4
AN       C        2
O
A        M        40. 5
AN       C        3
)
S        M        40. 1
A        M        40. 2
R        M        40. 1
```

说明：M 40.1 是传送带启动标志，只有该标志是高电平时，传送带驱动电机 M 才能启动。当药瓶就位标志 M 40.2 为高电平时，M 40.1 复位。

10）Network 10：状态 2 药瓶就位标志。

```
A        M        40. 1
A        T        1
S        M        40. 2
A （
O        M        40. 0
O        M        40. 3
O        M        40. 4
O        M        40. 5
)
R        M        40. 2
```

M 40.2 是药瓶就位标志，当传送带驱动电机启动时间满足定时器 T1 的定时值后，M 40.2 被置位。当停止标志 M 40.0 或装药 3 片标志 M 40.3 或装药 5 片标志 M 40.4 或装药 7 片标志 M 40.5 为高电平时，M 40.2 被复位。

11）Network 11：状态 3 装药 3 片标志 + 指示灯显示。

```
A        M        40. 2
A        M        50. 1
S        M        40. 3
A （
O        M        40. 0
O        M        40. 1
)
```

```
R       M       40.3
O       M       40.3
O
A   (
O       M       40.1
O       M       40.2
)
A       M       50.1
=       Q       4.3
```

M 40.3 是装药 3 片的标志，当药瓶就位而且装药 3 片状态记忆 M 50.1 是高电平时，M 40.3 被置位。当停止标志 M 40.0 或传送带标志 M40.1 是高电平时，M 40.3 被复位。

当 M 40.3 为高电平，或者当 M50.1 为高电平且传送带标志 M 40.1 和就位标志 M 40.2 二者至少有一个是高电平时，与 3 片装药选择相对应的指示灯 H1（在 Q 4.3 上）被点亮。

12）Network 12：状态 4 装药 5 片标志 + 指示灯显示。

```
A       M       40.2
A       M       50.3
S       M       40.4
A   (
O       M       40.0
O       M       40.1
)
R       M       40.4
O       M       40.4
O
A   (
O       M       40.1
O       M       40.2
)
A       M       50.3
=       Q       4.4
```

13）Network 13：状态 5 装药 7 片标志 + 指示灯显示。

```
A       M       40.2
A       M       50.5
S       M       40.5
A   (
```

O	M	40. 0
O	M	40. 1
)		
R	M	40. 5
O	M	40. 5
O		
A (		
O	M	40. 1
O	M	40. 2
)		
A	M	50. 5
=	Q	4. 5

14）Network 14：3 片装药计数。

A	I	0. 6
CD	C	1
A	M	40. 3
L	C#3	
S	C	1

说明：3 片装药时采用的是减 1 计数器 C1。当光电传感器 B1（在 I 0.6 上）检测到有一片药落下时，C1 对预设值减 1 计数。当装药 3 片标志 M 40.3 是高电平时，将预设值 3 放入计数器。

15）Network 15：5 片装药计数。

A	I	0. 6
CD	C	2
A	M	40. 4
L	C#5	
S	C	2

16）Network 16：7 片装药计数。

A	I	0. 6
CD	C	3
A	M	40. 5
L	C#7	
S	C	3

17）Network 17：传送带驱动。

A	M	40. 1
L	S5T#5S	
SD	T	1

=	Q	4.1

说明：当传送带标志 M 40.1 是高电平时，将 5s 预设定时值送入延时接通定时器 T1 进行延时，同时启动电机（在 Q 4.1 上）。

18）Network 18：打开电磁阀。

A	(	
O	M	40.3
O	M	40.4
O	M	40.5
)		
=	Q	4.2

说明：当装药 3 片、5 片或 7 片装药标志，任意一个为高电平时，电磁阀（在 Q 4.2 上）打开，往空瓶送药。

（2）主程序 OB1 指令

UC	FC	1

说明：主程序只有 1 条，即无条件调用 FC1。

2.7.4 项目拓展练习：程控走灯控制程序

1. 功能描述

所谓程控走灯是指一串 LED 发光二极管灯，按照一定的规律点亮和熄灭。在本次任务中是 8 个 LED 指示灯接在输出第 4 个字节中（QB 4），这 8 个 LED 指示灯每隔 0.5s 按图 2 – 130 所示规律周而复始地变化（每个变化周期持续 4s）。图 2 – 130 中灰色表示指示灯点亮，白色表示熄灭。

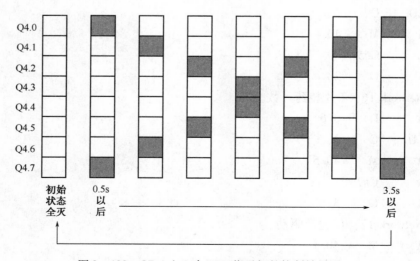

图 2 – 130　QB 4 上 8 个 LED 指示灯的控制效果图

2. 控制程序设计提示

本拓展练习希望读者能够参考项目五中的七段数码管显示控制程序，使用"STL"语句表编辑方式，编写控制程序。为了使控制程序能达到如图 2 – 116 所示的控制效果，为读者提供如下提示，以供参考。

（1）共享数据模块的建立

驱动 QB 4 上指示灯点亮共有 8 种情况，所以可以将这 8 种情况总结成 8 个 16 进制数的形式，并将其放入共享数据模块中。这样在控制程序中可以采用查表的方式，将需要的控制数据输出到 QB 4 上。这 8 个 16 进制的控制数据如表 2 – 24 所示。

表 2 – 24　控制数据

时间（s）	数　据
0	B#16#00
0.5	B#16#81
1.0	B#16#42
1.5	B#16#24
2.0	B#16#18
2.5	B#16#24
3.0	B#16#42
3.5	B#16#81

（2）循环加 1 计数器

本任务中，8 位 LED 指示灯每隔 4s（变换 8 种点亮状态）循环变化一次。所以可以采用循环加 1 计数器从 0 至 7 进行加 1 循环计数，根据当前计数值，产生 8 个用于对共享数据模块进行查表操作的字节地址。计数器的加 1 触发信号可以使用由时钟存储器产生的周期为 0.5s 的系统方波，触发信号的获得方法详见项目四中关于时钟存储器的知识链接。

（3）查表地址的形成

首先读取循环加 1 计数器的当前计数值，然后左移 3 位，即可形成查表地址数据。

3. 地址分配表（供参考，可按实际情况进行修改）

操作数地址	硬 件 符 号	注　　　释
QB 4	H1 ~ H8	8 位 LED 指示灯
C1		循环加 1 计数器
DB10		共享数据模块
MB100		时间存储器，产生系统方波
MD2		中间双字存储器，存放当前计数值
MD8		中间双字存储器，作为查表地址指针

第3章 S7—300 PLC 的高级应用

在第2章中，已经对S7—300系列可编程序控制器的基础编程应用做了一个大致的讲解。读者通过学习和项目实践，应该能够使用功能块图（FBD）、梯形图（LAD）和语句表（STL）三种编程方式编写控制程序，实现一些简单的控制任务。

与早期的S7—200系列相比较，S7—300系列除了能够完成更为复杂的控制任务以外，其突出的优势集中在其强大的通信功能上。本章中，就针对这些特点，对S7—300系列PLC的高级应用进行介绍。本章主要内容如下：

- 间接寻址和地址寄存器指令
- 现场总线 PROFIBUS – DP 技术简介
- AS – I 总线系统

3.1 寻址方式和地址寄存器指令

3.1.1 STEP 7 中的寻址方式概述

1. 地址的概念

完整的一条指令（不包括那些单指令，如 NOT 等），应该包含指令符＋操作数。其中的操作数是指令要执行的目标，也就是指令要进行操作的地址。

在第1章中已经提到，在PLC中有各种用途的存储区，比如物理输入输出区P、映像输入区I、映像输出区Q、位存储区M、定时器T、计数器C、数据区DB和L等。同时，每个区域的大小可以用位（bit）、字节（Byte）、字（Word）、双字（Dword）来衡量。当然，定时器T、计数器C不存在这种衡量体制，它们仅用位来衡量。所以要描述一个地址，至少应该包含两个要素：存储的区域 ＋ 这个区域中具体的位置，比如：A Q 2.0。其中，A 是指令符，Q2.0 是 A 的操作数，也就是地址。这个地址由两部分组成：Q（指的是映像输出区）、2.0（就是这个映像输出区第二个字节的第 0 位）。

2. 寻址

寻址就是指定指令要进行操作的地址。给定指令操作地址的方法，就是寻址方式。

在 STEP 7 软件中，寻址方式可以分成两大类：直接寻址方式和间接寻址方式。这两大类寻址方式又可以分成若干类的寻址方式，如图 3 – 1 所示。

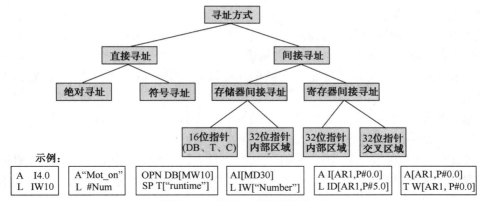

图 3-1 STEP 7 中的寻址方式

（1）直接寻址

使用直接寻址时，存储单元地址直接包含在指令中，也就是直接给出指令的确切操作数。

见图 3-1 中的示例，"A I4.0"就是直接寻址方式中的绝对寻址，对于 A 这个指令来说，I 4.0 就是它要进行操作的地址（绝对地址）。地址标识符指明了指令所要处理数值的地址。

（2）符号寻址

在控制程序中，可以进行绝对地址寻址（比如 I 1.0）或进行符号地址寻址（比如"开始信号"）。符号寻址是使用名称来代替绝对地址。

使用有意义的名称使控制程序的可读性得到了增强。不过，在使用符号寻址时，要注意区分局部符号（在块的声明部分，只能用于该模块）和全局符号（在符号表中的声明部分，可以用于整个控制程序）。

（3）间接寻址

使用间接寻址，可以寻址那些只有在程序运行时才确定其地址的地址标识符。

例如在第 2 章的"程控走灯控制程序"中，通过间接寻址，可以对程序的一些部分进行反复扫描（循环计数），由此，每次扫描所用到的地址被赋予不同的地址数值。

STEP 7 中的间接寻址方式有两大类型：存储器间接寻址和寄存器间接寻址。

1）存储器间接寻址：寻址的地址指针位于用户存储器存储单元里（比如 MD30）。

使用存储器间接寻址，也可以为位于保存寻址地址标识符指针的存储器中的变量赋予符号化名称。

2）寄存器间接寻址：在访问之前，要将指向寻址地址的指针装载到其中一个 S7 处理器地址寄存器（AR1 或 AR2）中去。

3.1.2 直接寻址

1. 变量的直接寻址

（1）基本变量的直接寻址

使用直接寻址方法，可以对基本类型变量进行寻址，其中所谓的基本变量是指其长度最多不超过4字节。

简单变量由下面几个部分组成：

1）一个变量标识符（如"IB"，表示输入字节）。

2）存储区内一个确切的地址（存储单元位置）（字节地址或位地址），它由地址标识符所确定。

当然，地址或者简单变量也可以通过全局、符号名（符号表）来进行寻址。

（2）外围设备的直接寻址

与STEP 5不同的是，在访问外围设备时，STEP 7必须要区分是外围输入还是外围输出。但是与STEP 5相似，仍然只能只读（L PIW）访问外围设备输入，只写访问（T PQW）外围设备输出。

（3）本地数据的直接寻址

使用STEP 7，也可以用绝对寻址方式访问本地数据堆栈。

例如：

    A L 12.6（扫描地址为12.6的本地数据位捕捉信号状态 =1）

    L LW 12（将本地数据字装载到累加器1中）

（4）DBX/DIX的直接寻址

STEP 7也可以在数据块内直接访问简单变量。

例如：

    A DBX 12.6（扫描地址为12.6的本地数据位捕捉信号状态 =1，数据块DB必须预先打开）。

    L DB5. DBW10（将DW10装载到DB5中）

（5）复杂变量

STEP 7可以访问那些具有复杂数据类型（如结构或数组等）的局部变量。

对复杂变量来说，只能对其组成部分进行绝对访问，这是因为其组成部分为基本数据类型。变量的直接寻址方式如表3-1所示。

表3-1 变量的直接寻址方式

地址符号及访问宽度	说　明	示　例
I IB IW ID	I：过程映像区输入 B：字节（8bit） W：字（16bit） D：双字（32bit）	I 1.1（1bit） IB 2（8bit） IW 4（16bit） ID 8（32bit）
Q、QB、QW、QD	过程映像区输出	Q 3.2、QB 10、QW 2、QD 20
PIB、PIW、PID	外围设备输入	PIB 256、PIW 200、PID 400
PQB、PQW、PQD	外围设备输出	PQB 256、PQW 188、PQD 200
M、MB、MW、MD	中间存储器	M 3.1、MB 4、MW 10、MD20
T	定时器	T 1

续表

地址符号及访问宽度	说　明	示　例
C	计数器	C 2
FC、FB、SFC、SFB	程序块	FC1、SFC 30
L、LB、LW、LD	本地数据堆栈	L 2.2、LB 1、LW10、LD 30
DBX、DBB、DBW、DBD	通过 DB 寄存器寻址的数据	DBX 12.0、DBB 20、DBW 40、DBD80
DIX、DIB、DIW、DID	通过 DI 寄存器寻址的数据	DIX 12.0、DIB 20、DIW 40、DID80

2. 数据块中的数据操作

（1）数据块中数据地址标识符的直接寻址

S7—300 系列 PLC 的 CPU 将两个数据块寄存器用于处理数据地址，当前打开的数据块号就存储在这些寄存器中。

访问数据块之前，首先必须用这两个数据块寄存器中的一个将其打开。

可以使用如下"OPN DBx"或"OPN DIx"指令来打开数据块；或者借助于数据块地址标识符组合寻址来打开，比如：L DBx. DBWy（但是 L DIx. DIWy 这种形式是没有的！）。在这种情况下，数据块 DB 号 x 也被装入 DB 寄存器中。

例如：

	STL 指令	解　释
打开 数据块	OPN　DB 19	绝对寻址方式，打开 DB 19
	OPN　"Values"	符号寻址方式，打开"Values"对应的数据块
	OPN　DI 20	绝对寻址方式，打开 DI 20
数据块中 装载和传 递数据	L　DBB 1	装载数据块 DB 中的数据字节 1 进累加器
	L　DBW 2	装载数据字 2（字节 2 + 字节 3）
	L　5	装载数字 5
	T　DBW 4	将累加器中的内容传递到数据块的字 4 中
	L　'A'	装载 ASCII 字符 A
	L　DIB28	装载数据块 DI 中的数据字节 28
	== I	比较
	A　DBX 0.0	从数据块 DB 的 0 字节的第 0 位开始扫描
组合指令	L　DB19. DBW4	从 DB 19 中装载数据字 4
	L　"Values". Number_1	符号访问变量 Number_1。数据块 DB 具有变量名"Values"
	A　DB10. DBX4. 7	从 DB 10 的第 4 字节的第 7 位开始扫描

注意：

为了进行符号访问，需要在符号列表（Symbols）里输入数据块的符号名。在 STEP 7 中可以使用 DBEditor（数据编辑器）来为数据块的各个变量分配符号名。在上面的例子中，使用指令 L "Values". Number_1 实现对数据元素的完全符号访问。该操作将打开

DB19（其中"Values"为 DB 19 的符号名）并装载 DBW 2（其中 Number_1 为 DBW2 符号名）。

（2）数据块的相关操作指令

DB 寄存器、DI 寄存器包含了当前打开的数据块的有效数据块号。在一级调用中，可以同时打开两个数据块。

在 STL 编程语言中，习惯上使用第一个 DB 寄存器来访问共享（全局）数据块 DB，而使用第二个 DB 寄存器来访问背景数据块 DB。因此，这两个寄存器也分别被称为 DB 寄存器和 DI 寄存器。

但是，CPU 对此并不进行区分，对每一个数据块，均可以使用这两个寄存器中的任何一个，并予以打开。常用操作指令如下。

1）CDB：交换寄存器内容指令。

CDB（交换 DB 寄存器里的内容）指令是将 DB 寄存器和 DI 寄存器里的内容予以交换。也就是说，将 DB 寄存器里的内容传递到 DI 寄存器中去，同时也将 DI 寄存器里的内容传递到 DB 寄存器中去，如图 3－2 所示。执行该指令既不影响 ACCU1 中的内容值，也不影响状态位。

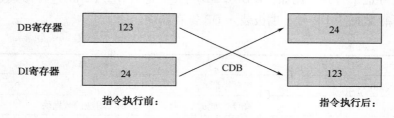

图 3－2　CDB 指令执行效果

2）L　DBLG 和 L　DILG：装载数据块长度指令。

这两条指令的功能是以字节为单位读出当前所打开的数据块的数据长度，并将长度信息装载到累加器 1 中。通过这种数据长度信息，用户程序就可以在访问数据块 DB 之前，测试数据块的长度是否达到所要求的长度。

3）L　DBNO 和 L　DINO：装载寄存器内容指令。

这两条指令的功能是读出当前打开的数据块号，并将打开的 DB 号或 DI 号装入累加器 1 中。

3.1.3　间接寻址

1. 存储器间接寻址

使用存储器间接寻址，要寻址的变量的地址位于一个地址（存储单元）中。

使用存储器间接寻址的程序语句包含如下部分：

- 指令（比如：OPN，A，L，等等）。
- 地址标识符（DB，C，T，I，QW，MD，等等）。
- 以及一个［变量］，该变量必须要用方括号括起来。

这个变量包含指令要访问的操作数地址（指针）。根据所使用的地址标识符，指令将以这种特定的［变量］格式，将所存储的数据看做字指针（16位）或者双字指针（32位）。

（1）16位字指针的使用

可以使用16位指针来寻址定时器、计数器或模块（DB、FC、FB）。所有的定时器和计数器指令都可以用间接寻址访问。为了对定时器、计数器或模块寻址，需要使用如T、C、DB、DI、FB、FC这些区域标识符。寻址的操作数的地址存储在一个字中。该指针为一个0至65 535范围内的无符号整数。16位字指针的结构如图3-3所示。

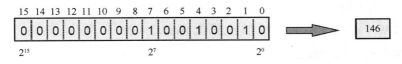

图3-3　16位指针的结构

一个数据块既可以用DB寄存器打开，也可以用DI寄存器打开。当间接打开数据块时（DB/DI），如发现指针内容为零，则DB/DI寄存器也以值"0"装入，装入"0"值时不会触发错误。

逻辑块调用可以借助于UC或CC指令（而非CALL）直接进行寻址，但是这些块不能包含任何块参数或静态变量。这种16位的字指针被看做一个整数（0…65 535），它指的是定时器（T）、计数器（C）、数据块（DB，DI）或逻辑块（FC，FB）的号。

例如：

```
L        11
T        MW 60
OPN    DB［MW 60］            OPN DB 11
```

（2）32位双字指针的使用

下列地址可以使用32位指针以存储器间接寻址方式进行寻址。

1）用位逻辑操作寻址的位。I、Q、M、DIX或DBX可用作地址标识符。

2）可以使用装载或传送指令来寻址的字节地址、字地址、双字地址。IB、IW、ID、DBB、DBW、DBD、DIB、DIW、DID、PIB、PIW、PID可用作地址标识符。

被寻址的操作数地址被视为一个32位的指针，32位双字指针的结构如图3-4所示。在双字中，最低有效位（从第0位到第2位）被视为位地址，接着16位（从第3位到第18位）被视为寻址操作数的字节地址。对于从第19位到第31位，在间接寻址方式中未定义。

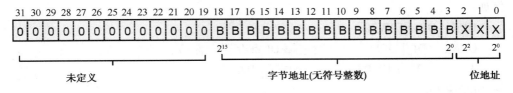

图3-4　32位双字指针的结构

注意：

如果要使用装载或传送指令以存储器间接寻址方式访问某一地址单元，就必须确保指针的位地址为"0"。否则，在执行过程中，CPU 就会触发一个运行错误。

必须使用"L P # < 字节地址 >. < 位地址 >"指令才能将 32 位指针常数装载到累加器 ACCU1 中。

例如：

    L   P#24. 0

    T   MD 50

    L IW［MD50］   ➡ L IW 24

（3）存放指针的地址区域

使用存储器间接寻址时，地址（存储单元位置）位于 16 位或 32 位地址中。该地址可在下面某个区域中找到。

1）位（bit）存储器：作为绝对寻址操作数或作为变量通过符号表符号寻址。

例如：

    OPN DB［MW30］， OPN   DI［"Motor_1"］，

    A   I［MD30］，   T   QD［"Speed_1"］

2）本地数据堆栈：作为绝对寻址操作数或块的声明部分声明的临时变量。

例如：

    OPN DB［LW10］， OPN   DI［#DB_NO］，

    A   I［LD10］，   T   QD［#Par_Pointer］

3）全局（共享）数据块：只能作为绝对寻址操作数。当全局（共享）数据块 DB 用作指针存储单元的时候，必须要考虑到：在进行访问之前，数据块已经使用 DB 寄存器（比如：OPN DB）打开了。

例如：

    OPN   DB［DBW0］   （覆盖掉 DB 寄存器内容!），

    OPN   DI［DBW22］，

    A   I［DBD10］， T QD［DBD22］

4）背景数据块：作为绝对寻址操作数。在使用背景数据的时候，要遵循如下几点：

● 组织块和功能

在功能或组织块里，存储在背景数据块中的指针可以如同存储在全局（共享）数据块中一样使用。只需记住的是，这里使用的是 DI 寄存器而非 DB 寄存器。

例如：

    OPN DB［DIW20］，

    OPN   DI［DIW0］   （覆盖掉 DI 寄存器内容!），

    A   I［DID10］， T   QD［DID22］

● 功能块 FB

通常在功能块中，背景数据，也即参数或静态变量，不能用于符号性的存储器间接

寻址。

原则上，可以使用在声明段中所输入的"地址"，来对 FB 内部的本地数据进行绝对访问。但是，如果该 FB 用作多重背景模型，必须要注意，该地址不是在背景 DB 中所指定的绝对地址，实际上是相对于地址寄存器 2（AR2）的地址。

向 FB 和 FC 传递指针的特点如下：

① 在参数里传递的指针不能直接用于存储器间接寻址。

② 用于存储器间接寻址而传递的指针，在访问之前必须复制到临时变量里去。

5）注意事项：当用户将存储器间接寻址指针传递到块中，或者想要在静态变量中永久保存该值，就必须要将该指针值从该静态变量中复制到临时变量中，然后使用这个临时变量来完成访问。

（4）存储器间接寻址举例

1）STL 程序。

FC1：存储器间接寻址示例

Network 1：使用间接寻址方式打开 DB

```
    L      #DBnumber          //将 DB 号复制到 MW100
    T      MW 100
    OPN    DB [MW 100]        //打开 DB
```

Network 2：循环删除

```
    L      P#18.0             //将终端地址（DBW18）作为指针
    T      MD 40              //传送到 MD 40
    L      10                 //将循环计数器值设置为 10
next：T    MB 50              //传到 MB 50 中
    L      0                  //装载初始值
    T      DBW [MD 40]        //传到 DB50 中
    L      MD 40              //装载指针
    L      P#2.0
   -D                         //指针减去 2 个字节
    T      MD 40              //然后再传回到 MD 40
    L      MB 50              //装载循环计数器
    LOOP   next               //减去 2 个字节，循环计数不为 0 则跳转
```

2）程序功能说明。

该示例表示的是，以数值"0"初始化数据块的输入的这样一个功能。DB 号是通过输入参数传递到功能中去的。

首先，在 Network 1 中将要寻址的数据块打开，为此，将待传递的块号（输入参数：#dbnumber）复制到一存储器字（MW100）中。然后使用该存储字将 DB 打开。

在 Network 2 中，通过一个循环将该 DB 的前 10 个数据字设置为"0"，在该循环中，

使用 LOOP 指令，由此将循环计数器存入 MB50 中。

接着，通过存储器间接寻址，经由 MD 40，向该数据块 DB 的各个数据字中传送 "0" 值。

在进入循环之前，将数据块的最后一个数据字（DBW 18）的地址指针装载到 MD 40 中。由于数值向 DB 中是逐字传送，而不是逐字节传送的，所以在每次循环扫描时，MD40 中的访问地址减去 P#2.0。

（5）项目练习

通过本项目练习，希望读者能够熟悉存储器间接寻址在循环程序中的应用。

1）要求。

存储器间接寻址用于设计循环程序，据此在 100 个连续存储单元里，按地址升序分别置入数值 1.0 到 100.0，如图 3-5 所示。

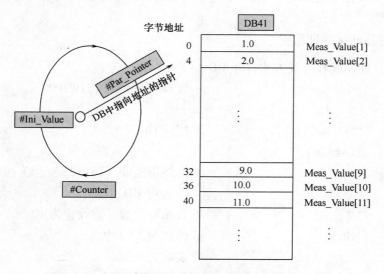

图 3-5　用间接寻址的方法进行循环编程要求示意图

2）具体步骤要求如下：

① 创建 FC41 及 DB41。

② 在 DB41 的声明部分，定义一个数组 ARRAY［1…100］的变量 Meas_Value 其中数组元素的类型为 REAL 型数据。

③ 在 FC41 的声明部分，定义一个 WORD 类型的输入参数#DB_Num，4 个 INT 类型的临时变量_Counter，REAL 类型的#Ini_Value，WORD 类型的 I_DB_Num 以及 DWORD 类型的 r_Pointer。

④ 在 FC41 中，首先打开由#DB_Num 传递数据块号的数据块。使用临时变量#I_DB_NUM 来完成此操作。

⑤ 在 DB41 中，按照地址升序，分别将数值 1.0 到 100.0 置入域#Meas_Value［1］到域#Meas_Value［100］中。

使用循环编程来进行此项任务的完成（指令：LOOP）：

● 在变量#L_Counter 中保存循环扫描计数值，并在变量#Ini_Value 中保存 Meas_Value［…］各个元素的初始化值。

● 使用存储器间接寻址的方法，寻址#Meas_Value［…］的各个元素。将访问地址保存在变量#Par_Pointer 中。

⑥ 在组织块 OB1 中调用 FC41，并给输入参数#DB_Num 分配相应参数。然后将程序块下载到 CPU 中并进行测试。

2. 寄存器间接寻址

在先前所说的存储器间接寻址中，间接指针用 M、DB、DI 和 L 直接指定，就是说，指针指向的存储区内容就是指令要执行的确切地址数值单元。但在寄存器间接寻址中，指令要执行的确切地址数值单元，并非寄存器指向的存储区内容，也就是说，寄存器本身也是间接地指向真正的地址数值单元。从寄存器到得出真正的地址数值单元，STEP 7 提供了两种方式：

● 内部区域寄存器间接寻址

● 交叉区域寄存器间接寻址

（1）内部区域寄存器间接寻址

使用寄存器间接寻址内部区域，要访问的操作数的地址（存储单元）位于两个地址寄存器（AR1，AR2）的某一个中。

1）指针结构。地址寄存器的内容是一个内部区域的 32 位指针，其结构和含义与寄存器间接寻址的情况相同，如图 3-6 所示。

图 3-6 AR1 或 AR2 中的内部区域指针结构

2）指令结构。使用寄存器间接内部区域寻址，其整个指令有以下几个部分组成：

① 一条指令（比如：A、L、T，等）

② 一个地址标识符（I、MB、QD，等），它由地址标识符（I、Q、M、DB、DI，等）与访问宽度标识符（B＝字节，W＝字，D＝双字）组合而成。

③ 一个带偏移量常数的地址寄存器的声明，该声明必须放在方括号内。在指令执行之前，该偏移量要加到指定的地址寄存器中。地址寄存器内容和偏移常数的格式为内部区域指针，分别由字节地址和位地址组成。命令语法中的偏移量进行声明（即使为 P#0.0）是必不可少的。

例如：

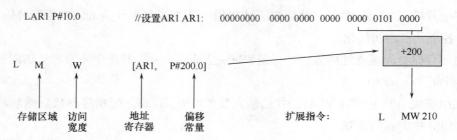

3）注意事项：

① 在使用间接寻址方法寻址字节、字、双字地址的时候，整个偏移量的位地址必须为"0"，否则，在该指令执行期间，CPU会触发一个运行时错误。

② 在寄存器间接寻址内部区域时，如果所指定的地址寄存器AR1或AR2内为一交叉区域指针（见下文），则在指令执行期间将无法判断该指针的区域标识符。地址标识符中的区域标识符是有效的。

（2）交叉区域寄存器间接寻址

使用寄存器间接寻址交叉区域时，欲访问的操作数的区域标识符（I、Q、M等）和地址（存储单元）（字节地址，位地址）作为交叉区域指针存放在两个地址寄存器（AR1、AR2）中的某一个中。

1）指针结构。地址寄存器的内容是一个内部区域的32位指针，当采用交叉区域寄存器间接寻址方式时，AR1或AR2中的交叉区域指针结构和含义如图3-7所示。

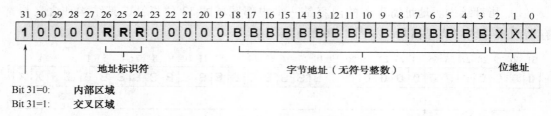

图3-7 AR1或AR2中的交叉区域指针结构和含义

图中地址标识符有下列可能情况：

000：I/O   001：输入（PII）

010：输出（PIQ）   011：位（bit）存储器

100：DB寄存器中的数据   101：DB寄存器2中的数据（DI）

110：自有本地数据   111：调用块的LD（本地数据）

2）指令结构。使用寄存器间接寻址交叉区域，其整个指令有以下几个部分组成：

① 一条指令（比如：A、L、T等）。

② 一个访问宽度标识符（B=字节、W=字、D=双字）。

③ 一个带偏移量常数的地址寄存器的声明，该声明必须放在方括号内。这种情况下，地址寄存器的内容必须包含一个带区域标识符的交叉区域指针和字节、位地址。指令执行之前，偏移量要加到指定的地址寄存器中的字节、位地址中去。偏移常数的格式为内

部区域指针，分别由字节地址和位地址组成。命令语法中的偏移量进行声明（即使为 P# 0.0）是必不可少的。

例如：

3）注意事项

① 在使用间接寻址方法寻址字节、字、双字地址的时候，整个偏移量的位地址必须为"0"，否则，在该指令执行期间，CPU 会触发一个运行时错误。

② 对于使用旧版本的 CPU，不可能使用这种间接交叉区域寻址的方法来访问其自身的本地数据（标识符：110）。在这些情况下，便会触发"未知的区域标识符"运行错误。那么，只能使用内部区域寻址方式实现对其自身本地数据的访问。

（3）装载地址寄存器的指令

常用装载地址寄存器的指令有如下三种。

- LARn（n = 1 或 2）：将累加器 ACCU1 中的内容装载到地址寄存器 ARn
- LARn ＜地址＞：将＜地址＞中的内容装载到 ARn
- LARn P#＜地址＞：将＜地址＞中的地址装载到 ARn

1）装载操作数：LARn（n = 1, 2）。

使用装载功能指令，可以用新的数值初始化地址寄存器。装载功能"LARn"（n = 1, 2）指令，是将指针装载到地址寄存器 AR 中。数据源可以是累加器 1（ACCU1）或者地址寄存器 ARn，或是地址区域位存储区、L 堆栈、全局（共享）数据及背景数据中的双字。可进行绝对访问，也可进行符号访问。

如果不指定地址，那么就自动将 ACCU1 的内容装载到地址寄存器 ARn 中去。装入寄存器的内容或双字的内容必须与区域指针格式相一致。

2）将＜地址＞中的内容装载到 ARn：LARn ＜地址＞。

使用装载内容"LARn ＜地址＞"指令，可以将＜地址＞中的内容装载到 ARn 中。指令中的＜地址＞，有如下三种。

- 处理器寄存器：AR1，AR2（例如：LAR1 AR2 及 LAR2 AR1）
- 32 位变量：MD，LD，DBD，DID（比如：L DBD5 等）
- 32 位符号变量（全局和局部的）：32 位全局变量（比如：LAR1"索引"，等）；以及 OB，FB 及 FC 的 TEMP（临时）变量（比如：LAR1　#Address，等）

3）装载指针。直接指针（地址）也可装载到地址寄存器的地址中去。可以使用如下指令：

$$L \quad P\#＜区域标识符＞n. m$$

该指令可以将交叉区域指针直接装载到指定的地址寄存器中去。

使用如下的指令，就可以将指向变量或指向参数（#Address）的指针装载到两个地址寄存器的一个中。

LARn　P##Address（n=1,2）

该访问方法适用于所有 OB、FB 及 FC 的 TEMP 类型变量，也适用于 FB 的 IN、OUT、INOUT 及 STAT 类型的变量。

请注意，将指向 FC 的 IN、OUT、INOUT 类型参数（#Param）的指针装载到地址寄存器中的操作不可以直接进行，必须执行下列中间步骤：

```
L　P##Param            //将指向参数#Param 的指针装载到 ACCU1 中去
L　ARn                 //再将 ACCU1 的内容装载到 ARn 中去
```

4）对指针 P#＜地址＞的说明

① 指向布尔型绝对地址指针：En.m，An.m，Mn.m，Ln.m，DBXn.m，DIXn.m（比如：LAR1 P#M5.3，LAR2 P#I3.6 等）

② 指向本地、符号地址

OB：TEMP（临时）变量（比如：LAR1 P##Par_Pointer 等）

FB：IN–，OUT–，INOUT–，STAT– 及 TEMP–

FC：TEMP（临时）变量（LAR1 P##Loop，等）

（4）其他用于地址寄存器的指令

1）传送地址寄存器内容指令。

TARn ＜地址＞（n=1 或 2）指令能从地址寄存器 ARn 中传送完整的区域指针。目的地址可以为另外一个地址寄存器，或者是来自位存储器、L 堆栈、全局（共享）数据及背景数据地址区域的双字。

常用＜地址＞有如下三大类：

① 处理器寄存器：AR2（比如 TAR1 AR2）。

② 32 位绝对地址变量：MDn，LDn，DBDn，DIDn（如 TAR2 MD5 等）。

③ 32 位符号变量（全局和局部的）：32 位全局变量（比如 TAR1"Index"等）及 OB、FB 及 FC 的 TEMP（临时）变量（比如 TAR1 #Address 等）。

如果没有指定目的地址，即 TARn（n=1 或 2），则指令就把地址寄存器内容传送到累加器 ACCU1 中去，而 ACCU1 先前的内容移到 ACCU2 中，ACCU2 中的内容将丢失。

2）地址寄存器间内容交换指令。TAR 指令的作用是将地址寄存器 AR1 的内容与地址寄存器 AR2 的内容交换。

3）向地址寄存器添加内容指令。向地址寄存器添加内容指令可以将数值加到地址寄存器中去，比如在循环程序中，随着每次循环扫描逐步增加地址值。增加值可以是指令中的常数（内部区域指针），也可以是 ACCU1–L 右边的字内容。

① +AR1 和 +AR2 指令。该指令将 ACCU1 中的值视为一个 INT 格式的数，将该数带符号扩展至 24 位，加到地址寄存器内容中去。通过这种方式，也可以将指针长度变小。超越出字节地址的上下极限区间（0 到 65 535）不会造成更多的影响。只是端部的位被截断而已。

② +ARn P#n. m 指令。该指令是将一个内部区域指针 P#n. m 加到指定的 ARn 地址寄存器中去，该区域指针 P#n. m 的最大值是 P#4095.7。

（5）寄存器间接寻址的特性

1）地址寄存器 AR1。

STEP 7 中的 STL/LAD/FBD 编辑器使用地址寄存器 AR1 来访问块复杂的参数。在功能内部，在以符号访问方式访问了数组"ARRAY"和结构"STRUCT"类型的所有块参数时，地址寄存器 AR1 和 DB 寄存器就被覆盖。

同样，在 FB 内部访问了数组"ARRAY"和结构"STRUCT"类型的输入/输出参数以后，地址寄存器 AR1 和 DB 寄存器也被覆盖。

对 FB 和 FC 的临时变量的符号访问，既不会覆盖 AR1 地址寄存器，也不会覆盖 DB 寄存器。

综上所述，在 STL/LAD/FBD 编辑器内使用 AR1 时：

① 当访问 FC 中的参数时，如果参数为复杂数据类型（ARRAY、STRUCT、DATE_AND_TIME），则 AR1 寄存器和 DB 寄存器内容将会被覆盖掉。

② 当访问 FB 中的 INOUT 参数时，如果该 INOUT 参数是复杂数据类型（ARRAY、STRUCT、DATE_AND_TIME），则 AR1 寄存器和 DB 寄存器内容将会被覆盖掉。

所以，在装载地址寄存器和对目标变量进行寄存器间接寻址的时候，不允许访问局部参数。

2）地址寄存器 AR2。

STEP 7 中的 STL/LAD/FBD 编辑器使用寄存器间接寻址内部区域的方法，对背景数据，即所有参数和 FB 静态变量的背景数据，实现符号访问。而 DI 寄存器和 AR2 寄存器则分别包含了背景数据块号，及背景数据块内部背景数据区域的地址偏移量。

DI 寄存器和 AR2 寄存器被覆盖后，如果没有恢复这两个寄存器的值，就不能对背景数据进行访问。如果您想在 FB 中使用寄存器 AR2 或寄存器 DI，建议按如下步骤进行：

① 将 DI 和 AR2 内容保存在双字（DWORD）类型的变量中：

```
TAR2   #AR2_REG      //将 AR2 的内容保存在临时变量#AR2_REG 中
L      DINO          //将 DI 的内容保存在 ACCU1 里
T      #DI_REG       //保存在临时变量#DI_REG 中
```

② 接下来就可以按照自己的用途使用寄存器 DI 和寄存器 AR2 了。但是在该程序段中，不能访问 FB 参数或静态变量。

③ 恢复寄存器 DI 和寄存器 AR2 原始值：

```
LAR2   #AR2_REG      //将#AR2_REG 中的内容装载到 AR2
OPN    DI [#DI_REG]  //恢复 DI 寄存器值
```

此时，又可以对 FB 参数和静态变量进行符号访问了。

综上所述，在 STL/LAD/FBD 编辑器内使用 AR2 时：

a）在对 FB 内部所有参数和静态变量进行寻址的时候，AR2 寄存器和 DI 寄存器均用作基址寄存器。

所以，如果用户在 FB 内部将 AR2 或 DI 覆盖，之后就可以访问该 FB 专用参数或静态变量。也就是说，未恢复两个寄存器时不可访问。

b）在 FC 内，对 AR2 寄存器和 DI 寄存器没有限制。

（6）项目练习

通过本项目练习，希望读者能够熟悉循环程序中寄存器间接寻址的应用。

1）要求。使用寄存器间接寻址，编写一个循环程序，该程序在 100 个连续存储单元中，分别写入数值 1 到 100。为"存储器间接寻址"章节中的项目练习创建一个时间最优的解决方案（不使用附加的临时变量），将循环计数器值和初始值保存在累加器中。使用地址寄存器 AR1（内部区域寄存器间接寻址）来寻址#Number［…］的各个元素。

用寄存器间接寻址的方法进行循环编程要求示意图如图 3 - 8 所示。

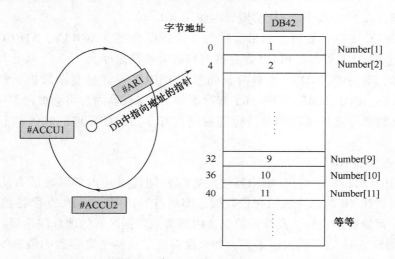

图 3 - 8   用寄存器间接寻址的方法进行循环编程要求示意图

2）具体步骤要求如下：

① 创建 FC42 及 DB42。

② 在 DB42 的声明部分，定义一个数组类型 ARRAY［1…100］的变量#Number，数组元素的类型为 DINT 型。

③ 在 FC42 的声明部分，定义一个 WORD 类型的输入参数#DB_Num 和一个 WORD 类型的临时变量 I_DB_Num。

④ 在 FC42 中，首先将#DB_Num 传递的数据块号所指定的数据块打开。使用临时变量#I_DB_NUM 来完成此操作。

⑤ 然后在数据块 DB42 中，以地址升序，分别将数值 1.0 到 100.0 放入从#Number［1］到#Number［100］的数组单元中。

• 请使用循环指令完成此项任务（指令：LOOP）；

• 使用 AR1，通过寄存器间接寻址的方法，对#Number［…］各个元素进行寻址。

⑥ 在组织块 OB1 中调用 FC42，并为输入参数#DB_Num 分配参数。然后将这些程序

块下载到 CPU 中并进行测试。

3. STEP 7 中的指针

除了在前面所描述的指针类型（16 位、32 位的内部区域指针和 32 位交叉区域指针）之外，STEP 7 还可以识别另外两种类型的指针类型，它们是：

- 48 位指针（"POINTER" 数据类型）
- 80 位指针（"ANY" 数据类型）

16 位和 32 位指针类型可以直接装载到累加器中或者地址寄存器中去，从而可以用于块内的间接寻址。

POINTER 和 ANY 类型的（大于 32 位）指针却不能直接装载到寄存器中，因而也就不能用于块内的间接寻址。这两种类型的指针专门用于在向被调用块传递形式参数时对实际参数进行完全寻址。

例如，可以在块内声明一个 POINTER 或 ANY 数据类型，在块调用期间，赋予其实际参数的地址。

（1）POINTER

POINTER 指针主要用于由 STL/LAD/FBD 编辑器向被调块 FB 或 FC，传递复杂数据类型（如 ARRAY、STRUCT 及 DT 型）的实际参数。由于在分配实际参数时，STL/LAD/FBD 编辑器即时检查数据类型的正确性和长度，所以它足够满足仅仅内部传送实际参数的完整初始地址的需要。因而，在被调块内，可以使用该 POINTER 间接访问实际参数寄存器。

1）POINTER 数据类型。除了交叉地址指针之外，POINTER 数据类型的参数还包含一个数据块号，该数据块号为一无符号正整数（值域范围：0~65 535）。当交叉地址指针指向全局数据或背景数据地址区的时候，便输入数据块号。

所有其他情况下，如果寻址地址位于其他区域（P、I、Q、M、L），则在"POINTER"的前两个字节中就会输入数值"0"。

POINTER 数据类型结构如图 3-9 所示。

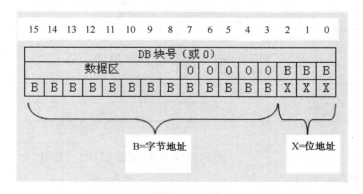

图 3-9   POINTER 数据类型结构

2）POINTER 类型参数赋值。如果在块调用（FC 或 FB）期间，必须为一个 POINTER 数据类型的参数赋值，就可以使用指针显示或者声明地址的方法来实现。

a）指针显示。

在这种情况下，指针（P#…）必须输入地址的首位，比如：

P#DBn. DBX x. y 其中：n = DB 号，x = 字节数，y = 位数

P#DIn. DIX x. y（比如 P#DB5. DBX3. 4，P#DI2. DIX10. 0，等）

P#Zx. y 其中：Z = 区域，比如：P，I，Q，M 及 L（比如 P#I5. 3，P#M10. 0，等）

b）地址声明。

在这种情况下，只需声明地址就够了（不需要 P#…），输入的地址可以是绝对地址，即使用 DB 号、地址标识符及相关的字节地址或位地址，例如：

```
DB5.DBW10                //位 10.0，DB 号 = 5，区域标识符为 DB 或符号地址
#Motor_on，"Motor_1".speed
```

两种情况下，STL/LAD/FBD 编辑器定义地址的相关的 DB 号、区域标识符及字节、位地址，并且输入到"POINTER"中。

3）示例。编写一个计算功能的功能块 FC3，输入首地址"In_Data"及连续浮点格式变量的个数"NO"后，输出几个变量的平均值"OUT_VAL"。

a）主程序 OB1 中调用功能块 FC3 的程序。

```
CALL  FC 3               //调用功能块 3
In_Data：= P#M 100.0     //输入的首地址
NO：= 4                  //变量的个数
OUT_VAL：= MD20          //计算结果
```

完成的计算功能相当于 MD20：=（MD100 + MD104 + MD108 + MD112）/4。

b）功能块 FC3 接口参数如表 3 – 2 所示。

表 3 – 2　功能块 FC3 接口参数

数据接口	名　称	数据类型	地　址
IN	In_Data	Pointer	
IN	NO	INT	
OUT	OUT_VAL	REAL	
TEMP	ADD_TEMP	REAL	4. 0
TEMP	NO_TEMP	INT	2. 0
TEMP	BLOCK_NO	INT	0. 0

Network 1：

```
L    0                   //初始化临时变量#ADD_TEMP
T    #ADD_TEMP
L    P##In_Data          //指向存储地址指针 P#M100.0 的首地址，并装载
                            到地址寄存器 AR1 中
LAR1
L    0                   //判断 OB1 中赋值的地址指针是否为数据块（参考
```

POINTER 的数据结构）

```
     L    W[AR1, P#0.0]
     ==I
     JC   M1
     T    #BLOCK_NO
     OPN  DB[#BLOCK_NO]        //如果是 DB 块，打开指定的 DB 块
M1： L    D[AR1, P#2.0]        //找出需要计算数据区的开始地址，POINTER 数据
                                 中，后 4 个字节包含内部交叉指针
     LAR1                      //将 P#M100.0 装载到 AR1 中
     L    0
     L    #NO                  //如果输入变量个数为 0，结束 FC3 的执行。如果
                                 不等于 0 作为循环执行的次数（NO_TEMP）
     ==I
     JC   END
NO： T    #NO_TEMP             //循环执行加运算，本例中循环执行的次数为 4
     L    D[AR1, P#0.0]        //装载 MD100 到累加器 1 中
     L    #ADD_TEMP            //与临时变量#ADD_TEMP 相加后将计算结果再存
                                 储于#ADD_TEMP 中
     +R
     T    #ADD_TEMP
     +AR1P#4.0                 //地址寄存器加 4，下一次与 MD104 相加
     L    #NO_TEMP             //LOOP 指令固定格式
     LOOP NO                   //跳回"NO"循环执行，执行完定义在变量#NO_
                                 TEMP 的次数后自动跳出循环程序
     L    #ADD_TEMP            //求平均值，装载运算结果到累加器 1 中
     L    #NO
     DTR                       //将变量个数转变为浮点值便于运算
     /R
     T    #OUT_VAL             //输出运算结果
     END： NOP 0
```

（2）ANY

ANY 类型指针主要是被 STEP7 用于为系统功能（SFC）及系统功能块（SFB）分配参数。ANY 数据类型的参数也可供用户使用，以生成功能强大的块。

1）ANY 数据类型。除了交叉区域指针和 DB 号之外，ANY 数据类型指针还包含一个数据类型标识符和一个复制系数，这样，不仅能够标识单个地址，而且还可以标识完整的数据区。

ANY 型指针有两种类型：

a）用于数据类型变量：这种类型的 ANY 指针包含有一个 STL 语法 ID "16#10"，一个数据类型标识符，一个复制系数，一个 DB 号以及一个交叉区域指针。

ANY 数据类型指针结构如图 3-10 所示。

Byte n	16#10	Data type
Byte n+2	复制系数	
Byte n+4	DB号	
Byte n+6	1 O O O _ O R R R	O O O O _ O B B B
Byte n+8	B B B B _ B B B B	B B B B _ B X X X

图 3-10　ANY 数据类型指针结构

图 3-10 中，Data type（数据类型）有如下几种情况：

数据类型	标识符（16 进制）	数据类型	标识符（16 进制）
VOID	00	REAL	08
BOOL	01	DATE	09
BYTE	02	TOD	0A
CHAR	03	TIME	0B
WORD	04	S5TIME	0C
INT	05	DT	0E
DWORD	06	STRING	13
DINT	07		

图 3-10 中，区域标识符（RRR）有如下几种情况：

000	I/O	100	相对于 DB 寄存器的数据字
001	输入（PII）	101	相对于 DI 寄存器的数据字
010	输出（PIQ）	110	自有本地数据
011	位（bit）存储器	111	调用 LD

b）用于参数类型变量：在这种情况下，ANY 指针仅包含一个 STL 语法 ID "16#10"，一个参数类型标识符，以及一个 16 位的无符号数（位于字节 n+8 和字节 n+9 中，用以反映块号），字节 n+4、…、n+7 内容为 "0"。

ANY 参数类型指针结构如图 3-11 所示。

Byte n	16#10	参数类型
Byte n+2	16#0001	
Byte n+4	16#0000	
Byte n+6	16#0000	
Byte n+8	定时器，计数器或块的号	

图 3-11　ANY 参数类型指针结构

图 3 - 11 中，参数类型有如下几种情况：

参数类型	标识符	参数类型	标识符
BLOCK_ FB	17	BLOCK_ SDB	1A
BLOCK_ FC	18	COUNTER	1C
BLOCK_ DB	19	TIMER	1D

2）ANY 型指针的声明。ANY 数据类型的变量，一般可在 FC 和 FB 中，声明为 IN、OUT 及 INOUT 参数。该声明也可以在 FB 中，用作临时变量。借助于该临时变量，可以创建一个运行期间可改变的 ANY 类型的指针，并将其传递到被调用块中（请参见下文中"ANY 类型的间接参数分配"）。

3）ANY 数据类型的参数赋值。可以使用指针显示来对"ANY"型数据类型的参数赋值，也可以使用直接地址（变量）声明来进行参数赋值。

a）指针显示。使用指针显示（比如 P#DB5.DBX10.0 INT 8）进行赋值时，STL/LAD/FBD 编辑器建立一个类型和序号都与声明相对应的 ANY 指针。

当没有为一个将被寻址的数据区域定义变量，或者可能没有合适的变量（比如 AR-RAY 或 STRUCT）可以定义（比如 P、PII、PIQ、M）时，便需用到指针显示赋值。

此外，当被调用块内需要有关重复系数和数据类型的准确信息时，必须使用绝对指针显示（如 REAL 类型数组 ARRAY［1…8］）。

指针显示的指令格式是：P#［数据块 .］位地址类型号

例如：

```
P#DB10.DBX12.0 REAL20        //指向 DB10 中的一个区域：从 Byte 12 开始的
                              20 个 REAL 类型的地址（ARRAY［1…20］
                              OF REAL）

P#I 10.0 BOOL 8              //指向 IB10 里的一个 8 位区域
```

b）地址说明。"ANY"数据类型的参数也可以直接被赋予该 ANY 指针所指向的地址。此类声明可以采用绝对地址，也可以采用符号化变量名。

使用绝对地址声明时，STL/LAD/FBD 编辑器自动确定相关的数据类型（BOOL、BYTE、WORD、DWORD）、一个为"1"的复制系数、DB 号，以及指向该地址首位的交叉区域指针，并将这些值输入指针结构。

例如：

```
DB5.DBD10        //数据类型：DWORD；复制系数：1；DB 号：
                  5；指针：P#DB5.DBX10.0

IW32             //类型：WORD；复制系数：1；DB 号：0；指
                  针：P#I32.0

T35              //类型：TIMER；编号：35
```

当采用符号名称声明，并且所输入的变量都为基本数据类型时，STL/LAD/FBD 编辑器采用地址确定正确的信息。

例如：

```
#Motor_1.speed                   //使用基本数据类型，编译器建立
                                   正确的数据类型，复制系数 1 以
                                   及指针

"Pump".Start
```

4）ANY 类型间接参数分配。调用块也可以将 ANY 数据类型的临时变量赋予 ANY 数据类型的 FC 或 FB 参数。该临时变量已经存储在调用块的本地数据堆栈中。此时，STL/LAD/FBD 编辑器不向该临时变量（在本地数据堆栈中）传递指针，而是认为该 ANY 型临时变量已包含了指向实际期望变量的指针。此时，编辑器将临时变量中的 ANY 指针传递到被调用块的 FB 和 FC 中。

使用临时变量对 ANY 数据类型进行实际参数赋值，有如下 3 种常见形式。

a）在调用块中声明 ANY 数据类型临时变量。例如：

temp　　aux_pointer ANY

b）用指针信息对 ANY 临时变量进行赋值。例如：

```
LAR1 P##aux_pointer           //装载辅助指针地址
L    B#16#10                  //装载标识符 10
T    LB[AR1,P#0.0]            //并传送到 Offset 0
L…
```

c）使用变量辅助指针对 ANY 块参数进行赋值。例如：

```
CALL  FC 111
Targetfield：=#aux_pointer
```

5）示例。编写一个计算功能的功能块 FC13，输入参数"In_Data"为一个数组变量，如果数组元素为浮点数，输出所有元素的平均值"OUT_VAL"，如果数组元素为其他数据类型，不执行计算功能。

a）主程序 OB1 中调用功能块 FC13 的程序如下：

```
CALL  FC 13                    //调用功能块 13
In_Data：=P#DB1.DBX0.0 REAL 8  //输入数据区从 DB1.DBD0 开始 8
                                 个浮点值
OUT_VAL：=MD20                 //计算结果
```

完成的计算功能相当于 MD20：=（DB1.DBD0 +.. +.. + DB1.DBD28）/8。

b）功能块 FC3 接口参数如表 3-3 所示。

表 3-3　功能块 FC3 接口参数

数据接口	名　称	数据类型	地　址
IN	In_Data	ANY	
OUT	OUT_VAL	REAL	
TEMP	DATA_LEN	INT	0.0
TEMP	BLOCK_NO	INT	2.0
TEMP	ADD_TEMP	REAL	4.0
TEMP	DATA_NO	INT	8.0

Network 1：

```
     L    0                        //初始化临时变量#ADD_TEMP
     T    #ADD_TEMP
     L    P##In_Date               //指向存储地址指针 In_Date 首地址，并装
                                      载到地址寄存器 AR1 中
     LAR1
     L    B [AR1, P#1.0]
     L    B#16#8
     < >R
     JC   END                      //如果数据不是相等的实数，跳转到 END
     L    0
     L    W [AR1, P#4.0]           //判断 OB1 中赋值的地址指针是否为数据块
                                      （参考 ANY 的数据格式）

     = =I
     JC   M1
     T    #BLOCK_NO
     OPN  DB [#BLOCK_NO]           //如果是 DB 块，打开指定的 DB 块
M1:  L    W [AR1, P#2.0]          //判断 ANY 指针中数据长度，本例中为 RE-
                                      AL 变量的个数
     T    #DATA_LEN
     L    D [AR1, P#6.0]          //找出需要计算数据区的开始地址，本例中
                                      为 DB1. DBX0.0
     LAR1
     L    #DATA_LEN
NO:  T    #DATA_NO                 //循环执行加运算，本例中循环执行的次数
                                      为 8
     L    D [AR1, P#0.0]          //装载 DB1. DBD0 到累加器 1 中
```

```
    L    #ADD_TEMP
   +R                          //与临时变量#ADD_TEMP相加
    T    #ADD_TEMP             //将计算结果再存储#ADD_TEMP中
   +AR1P#4.0                   //地址寄存器加4，地址偏移量
    L    #DATA_NO              //LOOP指令固定格式
    LOOP NO                    //跳回"NO"循环执行，执行完定义在变量
                                 #NO_TEMP的次数后自动跳出循环程序
    L    #ADD_TEMP             //求平均值，装载运算结果到累加器1中
    L    #DATA_LEN
    DTR                        //将变量个数转变为浮点值便于运算
   /R
    T    #OUT_VAL              //输出运算结果
END：NOP 0
```

3.2 现场总线 PROFIBUS – DP 技术简介

现场总线是近几年来迅速发展起来的一种工业数据总线，是一种串行的数字数据通信链路，是在微机化测量控制设备之间实现双向串行多节点数字通信的系统，也称为开放式、数字化、多点通信的底层控制网络。它主要解决工业现场的智能化仪器仪表、控制器、执行机构等现场设备间的数字通信，以及这些现场控制设备和高级控制系统之间的信息传递问题。按照国际电工委员会 IEC 61158 的标准定义，现场总线是"安装在制造和过程区域的现场装置与控制室内的自动化控制装置之间的数字式、串行、多点通信的数据总线"。

现场总线是在生产现场、测控设备之间形成开放型测控网络的新技术，现场总线控制系统既是一个开放式通信网络，又是一种全分布式控制系统。它作为智能设备的联系纽带，挂接在总线上，作为网络节点的智能设备连接为网络系统，并进一步构成自动化系统，实现基本控制、补偿计算、参数修改、报警、显示、监控、优化及控管一体化的综合自动化功能。

3.2.1 西门子 S7—300/400 系列 PLC 的通信功能

一个典型的工厂自动化系统一般是由现场设备层、车间监控层和工厂管理层这三级网络构成的。西门子的 SIMATIC 网络就是一个典型的工厂自动化系统，如图 3–12 所示。

1）现场设备层（现场层）。现场设备的功能是连接现场设备，如分布式 I/O、传感器、执行器和开关设备等，完成现场设备控制和设备间连锁

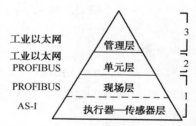

图 3–12 西门子 SIMATIC 网络的结构

控制。

西门子SIMATIC网络将执行器和传感器单独分为一层，这一层主要使用AS–I（执行器–传感器接口）网络。

2）车间监控层（单元层）。车间监控层又称为单元层，其功能是用来完成车间主设备之间的连接，实现车间级设备的监控。

这一层主要使用PROFIBUS–FMS现场总线系统或工业以太网，这一级传输速度不是最重要的，但是应能传送大容量的信息。

3）工厂管理层（管理层）。工厂管理层的功能是用来通过交换机、网桥或路由器等连接的厂区骨干网汇集各车间管理子网的信息到工厂管理层。

这一层主要使用以太网，即TCP/IP通信协议标准。

1. S7 PLC 的通信网络

图3–13是一个典型的由S7—300/400 PLC构成的通信网络示意图。

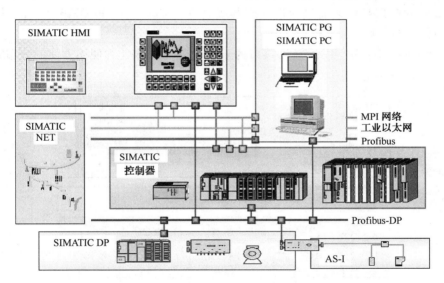

图3–13 典型S7—300/400 PLC的通信网络

（1）MPI的通信网络

MPI是多点接口（Multi Point Interface）的简称。S7—300/400 CPU都集成了MPI通信协议和MPI的物理层RS—485接口，最大传输速率为12Mbit/s。PLC通过MPI能同时连接运行STEP 7的编程器、计算机、人机界面（HMI）及其他SIMATIC S7、M7和C7。西门子的MPI通信网络如图3–14所示。

STEP 7用户界面提供了PLC的通信组态功能，使得PLC的通信组态非常简单方便。

联网的CPU可以通过MPI接口实现全局数据（GD）服务，周期性地相互进行数据交换。每个CPU可以使用的MPI连接总数与CPU的型号有关。

（2）PROFIBUS

工业现场总线PROFIBUS是用于车间级监控和现场层的通信系统，具有开放性，所有

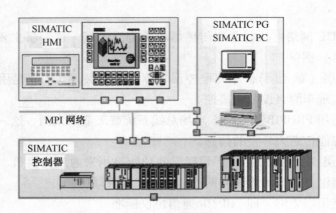

图 3 – 14　西门子的 MPI 通信网络

符合 IEC 61158 标准的设备都可以接入同一网络中。

S7—300/400 PLC 可以通过通信处理器或集成在 CPU 上的 PROFIBUS – DP 接口连接到 PROFIBUS – DP 网上。

带有 PROFIBUS – DP 主站/从站接口的 CPU 能够实现高速和使用方便的分布式 I/O 控制，如图 3 – 15 所示。

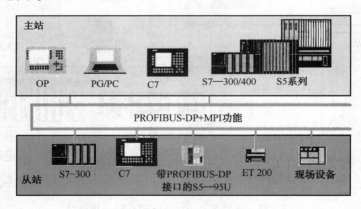

图 3 – 15　PROFIBUS – DP 通信网络

PROFIBUS 的物理层是 RS—485 接口，最大传输速率为 12Mbit/s，最多可以与 127 个节点进行数据交换。网络中可以串接中继器，用光纤通信距离可达 90km。

可以通过 CP342/343 通信处理器将 S7—300 与 PROFIBUS – DP 或工业以太网系统相连。

（3）工业以太网

工业以太网（Industrial Ethernet）用于工厂管理层和单元层的通信系统，符合 IEEE 802.3 标准，用于对时间要求不太严格、但需要传送大量数据的场合。

西门子的工业以太网的传输速率为 10 ~ 100Mbit/s，最多可以达到 1024 个网络节点，网络的最大范围为 150km。

西门子的 S7 和 S5 系列 PLC 通过 PROFIBUS（FDL 协议）或工业以太网 ISO 协议，可以利用 S7 和 S5 的通信服务进行数据交换。

S7—300 型 PLC 最多可以使用 8 个通信处理器 CP，每个通信处理器最多能够建立 16 条通信链路。

（4）点对点连接

点对点连接（Point-to-Point Connection）可以连接两台 S7 PLC 和 S5 PLC，以及计算机、打印机和条码阅读器等非西门子设备。可以通过 CP 340、CP 341 和 CP 441 通信处理模块，或通过 CPU 313C – 2PTP 和 CPU 314C – 2PTP 集成的通信接口建立点对点连接。

点对点连接的接口可以是 20MA（TTY）、RS—232C、RS—422 和 RS—485。

全双工模式（RS—232C）最高传输速率 19.2kbit/s，半双工模式（RS—485）最高传输速率 38.4kbit/s。

使用西门子的通信软件 PRODAVE 和编程用的 PC/MPI 适配器，通过 PLC 的 MPI 编程接口，可以方便地实现计算机与 S7—300/400PLC 的通信。

（5）AS – I 的过程通信

AS – I 为执行器/传感器接口，是位于自动控制系统最底层的网络，用来连接有 AS – I 接口的现场二进制设备，只能传送少量的数据，如开关的状态等。

CP342—2 通信处理器是用于 S7—300 和分布式 I/O ET200M 的 AS – I 主站。AS – I 主站最多可以连接 64 个数字量或 31 个模拟量 AS – I 从站。通过 AS – I 接口，每个 CP 最多可访问 248 个数字量输入和 184 个数字量输出。

2. S7 PLC 的通信分类

S7 系列 PLC 的通信可分为全局数据通信、基本通信和扩展通信三类。

（1）全局数据通信

全局数据（GD）通信通过 MPI 接口在 CPU 间循环交换数据，如图 3 – 16 所示。用全局数据表来设置各 CPU 之间需要交换的数据存放的地址区和通信的速率，通信是自动实现的，不需要用户编程。全局数据可以是输入、输出、标志位（M）、定时器、计数器和数据区。

S7—300 CPU 每次最多可以交换 4 个含有 22B 的软件包，最多可以有 16 个 CPU 参与数据交换。

通过全局数据通信，一个 CPU 可以访问另一个 CPU 的数据块、存储器位和过程映像等。全局数据通信用 STEP 7 中的 GD 表进行组态，对 S7、M7 和 C7 可以用系统功能块来建立。

MPI 默认的传输速率为 187.5kbit/s，与 S7—200 通信时只能指定为 19.2kbit/s。

（2）基本通信（非配置的连接）

这种通信可以用于所有的 S7—300/400 CPU，通过 MPI 或站内的 K 总线来传递最多 76B 的数据。在用户程序中用系统功能（SFC）来传送数据，如图 3 – 17 所示。

图 3 – 16　全局数据通信　　　　　　　　图 3 – 17　基本通信（非配置的连接）

在调用 SFC 时，通信连接被动态地建立，CPU 需要一个自由的连接。

（3）扩展通信（配置的连接）

这种通信可以用于所有的 S7—300/400 CPU，通过 MPI、PROFIBUS 和工业以太网最多可传递 64KB 的数据。在用户程序中用系统功能块（SFB）来传送数据，支持应答的通信，如图 3 – 18 所示。在 S7—300 中可以用 SFB15 "PUT" 和 SFB14 "GET" 来读写远端 CPU 的数据。

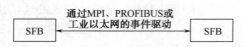

图 3 – 18　扩展通信（配置的连接）

扩展通信功能还能执行控制功能，比如控制通信对象的启动和停止。这种方式需要用连接表配置连接，被配置的连接在站启动时建立并保持。

3. MPI 网络与全局数据通信

（1）MPI 网络

每个 S7—300/400 CPU 都集成了 MPI 接口通信协议，MPI 的物理层是 RS—485。通过 MPI，PLC 可以同时与多个设备建立通信连接，可以连接的设备包括编程器或运行 STEP 7 的计算机（安装有 MPI 卡或 PC/MPI 适配器）等。每个 CPU 可以使用的 MPI 连接总数与 CPU 的型号有关。如 S7—300 的 CPU312 为 6 个，S7—400 的 CPU418 为 64 个。

联网的 CPU 可以通过 MPI 接口实现全局数据（GD）服务，周期性地相互交换少量的数据。可以与 15 个 CPU 建立全局数据通信。

每个 MPI 节点都有自己的 MPI 地址（0～126），PG、HMI 和 CPU 的默认地址分别为 0、1、2。

在 S7—300 中，MPI 总线和 K 总线（通信总线）连接在一起，S7—300 机架上的 K 总线的每一个节点（功能模板 FM 和通信处理器 CP）也是 MPI 的一个节点，也有自己的 MPI 地址。

MPI 默认的传输速率为 187.5kbit/s 或 1.5Mbit/s，与 S7—200 通信时只能指定为 19.2kbit/s。两个节点间最大距离为 50m，加中继器后为 1000m，使用光纤和星形连接时为 23.8km。

通过 MPI 接口，CPU 可以自动广播其总线参数组态（如波特率），然后 CPU 可以自动检索正确的参数，并连接至一个 MPI 子网。

（2）全局数据包

参与全局数据包交换的 CPU 构成了全局数据环（GD Circle）。同一个 GD 环中的 CPU 可以向环中其他的 CPU 发送数据或接收数据。在一个 MPI 网络中，可以建立多个 GD 环。

具有相同的发送者和接收者的全局数据可以集合成一个全局数据包（GD Packet）。每个数据包有数据包的编号，数据包中的变量有变量的编号。例如，GD 1.2.3 表示 1 号 GD 环、2 号 GD 包中的 3 号数据。

S7—300 CPU 可以发送和接收的 GD 包的个数（4 个或 8 个）与 CPU 型号有关，每个

GD 包最多 22B 数据，最多 16 个 CPU 参加全局数据交换。

3.2.2 PROFIBUS 网络的数据通信

PROFIBUS 是不依赖生产厂家的、开放式的现场总线，各种各样的自动化设备都可以通过同样的接口交换信息。广泛适用于制造业自动化、流程工业自动化和楼宇、交通、电力等其他领域。

1. PROFIBUS 的结构与硬件

（1）PROFIBUS 的组成

1）PROFIBUS – FMS（Fieldbus Message Specification 现场总线报文规范）。

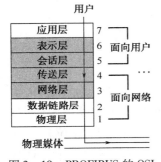

图 3 – 19 PROFIBUS 的 OSI 参考模型

PROFIBUS – FMS 使用 OSI 7 层模型的第 1 层、第 2 层和第 7 层。PROFIBUS 的 OSI 参考模型如图 3 – 19 所示。

FMS 包含应用层协议，并向用户提供功能很强的通信服务。总线数据链路层提供总线存取控制和保证数据的可靠性。物理层采用 RS—485 接口，传输速率从 9.6kbit/s 到 12Mbit/s 可选。

FMS 主要用于系统级和车间级的不同供应商的自动化系统之间传输数据、处理单元级（PLC 和 PC）的多主站数据通信，为解决复杂的通信任务提供了很大的灵活性。

2）PROFIBUS – DP（Decentralized Periphery 分布式外围设备）。

PROFIBUS – DP 用于自动化系统中单元级控制设备与分布式 I/O 的通信，可以取代 4～20mA 模拟信号传输。

PROFIBUS – DP 使用了 OSI 模型中的第 1、2 层和用户接口层，通过这种精简的结构，确保了高速数据传输，特别适合于 PLC 与现场级分布式 I/O（如西门子的 ET200）设备之间的通信。

主站之间的通信为令牌方式，主站与从站之间为主从方式，以及这两种方式的组合。

S7—300/400 系列 PLC 有的配有集成的 PROFIBUS – DP 接口，S7—300/400 也可以通过通信处理器（CP）连接到 PROFIBUS – DP。

3）PROFIBUS – PA（Process Automation 过程自动化）。

PROFIBUS – PA 用于过程自动化的现场传感器和执行器的低速数据传输，使用扩展的 PROFIBUS – DP 协议。

PROFIBUS – PA 可以用于防爆区域的传感器和执行器与中央控制系统的通信。PROFIBUS – PA 使用屏蔽双绞线电缆，由总线提供电源。在危险区每个 DP/PA 链路可以连接 15 个现场设备，在非危险区每个 DP/PA 链路可以连接 31 个现场设备。

（2）PROFIBUS 的物理层

ISO/OSI 参考模型的物理层是第 1 层。PROFIBUS 可以使用多种通信介质。传输速率 9.6kbit/s～12Mbit/s，每个 DP 从站传输的最大数据为 244 B，使用屏蔽双绞线电缆时最长通信距离为9.6km，使用光缆时最长通信距离为90km，最多可以接127个从站。

1）DP/FMS的RS—485（电缆）传输。

传输速率9.6k～12Mbit/s，一个总线段最多可以接27个站，带中继器最多可以接127个站，中继器一般不超过3个。

一个总线段的两端要有总线终端电阻，DP/FMS总线段的结构如图3-20所示。

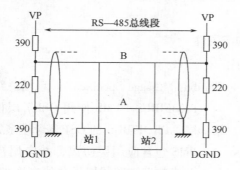

图3-20　DP/FMS总线段的结构

RS—485采用半双工、异步的传输方式。数据的发送采用NRZ（不归零）编码方式，1个字符帧由8个数据位、1个起始位、1个停止位和1个校验位组成（共11位）。

PROFIBUS标准RS—485（电缆）总线推荐总线站与总线的相互连接使用9针D型连接器，如图3-21所示。

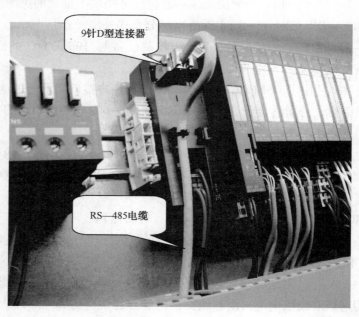

图3-21　PROFIBUS标准RS—485（电缆）总线及其连接器

几乎所有标准的PROFIBUS总线连接器上都集成了总线终端器，可以由跳接器或开关来选择使用它。

2）DP/FMS 的光纤传输。光纤电缆对电磁干扰不明显，并能确保站之间电气隔离。光纤电缆允许 PROFIBUS 系统站之间的最大距离大于 15km。近年来，由于光纤连接技术的大大简化，特别是用于塑料光纤的简单单工连接器的使用，这种传输技术已经广泛地运用到现场设备的数据通信。

3）PA 的传输。PROFIBUS – PA 采用符合 IEC 1158—2 标准的传输技术。这种技术确保本质安全，并通过总线直接给现场设备供电，能满足各种工业的需要。

（3）PROFIBUS – DP 设备的分类

1）DP 主站：1 类主站是系统的中央控制器，循环地与 DP 从站交换用户数据，如 CPU 315 – 2DP、CPU 313 – 2DP 等。

2 类主站是 DP 网络中的编程、诊断和管理设备，如以 PC 为操作平台的主站、操作员面板/触摸屏（OP/TP）。

2）DP 从站：DP 从站是进行输入信息采集和输出信息发送的外围设备，只与 DP 主站交换用户数据，可以向主站报告本地诊断中断和过程中断。例如分布式 I/O（ET200…）、PLC 智能 DP 从站和具有 PROFIBUS – DP 接口的其他现场设备。

3）PROFIBUS 网络部件，包含通信介质、总线部件和网络转接器。

如图 3 – 22 和图 3 – 23 所示，分别是 PROFIBUS – DP 的单主系统和多主系统。

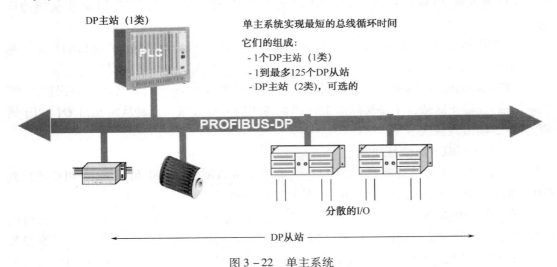

图 3 – 22 单主系统

（4）PROFIBUS – DP 从站的分类

1）紧凑型 DP 从站。紧凑型 DP 从站具有固定的输入/输出区，如 ET200B。ET200B 模块系列提供不同电压范围和不同数量的 I/O 通道的模块。

2）模块型 DP 从站。模块型 DP 从站具有可变的输入/输出区，可以用 S7 组态软件 HW Config 定义它们，如 ET200M。ET200M 是典型的模块化的分布式 I/O。S7—300 可以接 8 个模块，连接 256 个 I/O 通道。它需要一块 ER200M 接口模块（IM153）与主站通信。

在组态时，STEP 7 分配紧凑型 DP 从站和模块型 DP 从站的输入/输出地址，就像访

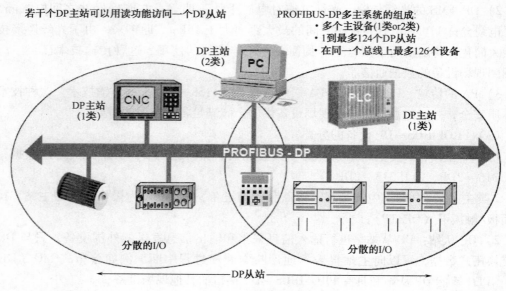

图 3 – 23　多主系统

问主站内部的输入/输出模块一样，DP 主站的 CPU 通过这些输入/输出地址直接访问它们。

3）智能从站（I 从站）。在 PROFIBUS 网络中，某些 PLC 可以做 DP 接口的从站，称为智能从站。

智能从站的输入/输出区域，要用 S7 组态软件 HW Config 定义。智能从站提供给 DP 主站的输入/输出区域，不是实际的 I/O 模块使用的 I/O 区域，而是从站 PLC 专门用于通信的输入/输出映像区。

（5）PROFIBUS 通信处理器

1）CP 342 – 5 通信处理器。CP 342 – 5 是将 SIMATIC S7—300 和 S7 系列 PLC 连接到 PROFIBUS – DP 总线的低成本的 DP 主/从站接口模块。

通过接口模板 IM360/361，CP 342 – 5 可在主机架和扩展机架上。CP 342 – 5 可以作为主站自动处理数据传输，也可以为从站允许 S7—300 与其他 PROFIBUS 主站交换数据。CP 342 – 5 的 S7 通信功能用在 S7 系列 PLC 之间、PLC 与 PC 机和 OP/TP 之间的通信。

2）CP 443 – 5 通信处理器。CP 443 – 5 用于 PROFIBUS – DP 总线的通信处理器，提供 S7 通信，S5 兼容通信，与 PC、PG/OP 的通信和 PROFIBUS – FMS。

CP 443 – 5 分基本型和扩展型，扩展型作为 DP 主站运行。

2. 基于 STEP 7 PROFIBUS - DP 网络的组态（示例）

（1）生成一个 STEP 7 Project（项目）

在 SIMATIC Manager 管理器中，通过 File→'New Project'Wizard…菜单指令，建立一个新的项目，选择第一个站的 CPU（CPU 314C – 2 DP）。

在管理器中，选择已经生成的"SIMATIC 300 Station"对象，双击"Hardware"图标，进入"HW Config"（硬件组态）窗口。在 CPU 314C－2 DP 的机架中添加相应的模块（电源 PS 307 5A，CPU 314C－2 DP，数字输入模块 DI 16X AC 120V/230V 和数字输出模块 DO 16X AC 120V/230V/1A），如图 3－24 所示。

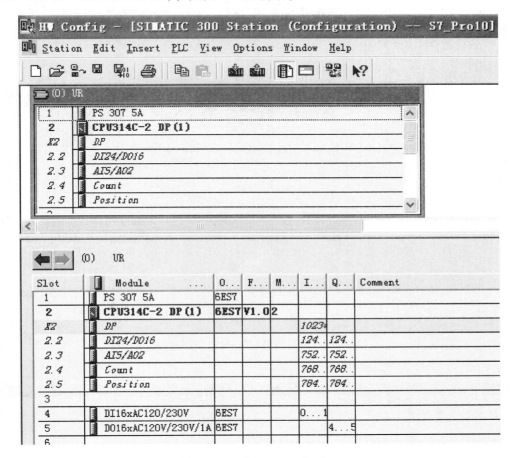

图 3－24　"HW Config"窗口

（2）设置 PROFIBUS 网络

1）组态网络：用鼠标右键单击管理器右侧窗口空白处，选择命令"Insert New Object"→"PROFIBUS"，如图 3－25 所示，系统会自动生成网络对象 PROFIBUS（1）。

双击网络对象 PROFIBUS（1），在网络组态工具 NetPro 中，利用 MPI 网络线、PROFIBUS 网络线和 CPU 314C－2 DP 的图标，可以对 MPI 和 PROFIBUS 网络组态，如图 3－26 所示。

2）设置网络参数：双击 PROFIBUS 网络线，打开 Properties 属性对话框，选择"Network Settings"选项，设定参数。如图 3－27 所示，传输速率＝1.5Mbps（即 1.5Mbit/s）、总线行规（PROFILE）＝DP、最高站地址＝126（单主站）。

通过菜单命令"Network"→"Save and Compile…"，对网络对象 PROFIBUS（1）进

行保存和编译，然后退出 NetPro 网络组态工具。

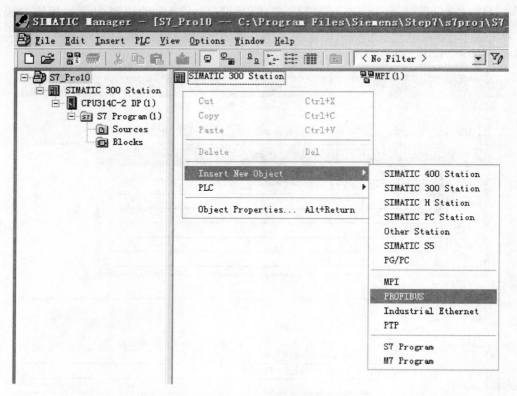

图 3 – 25　生成网络对象 PROFIBUS（1）

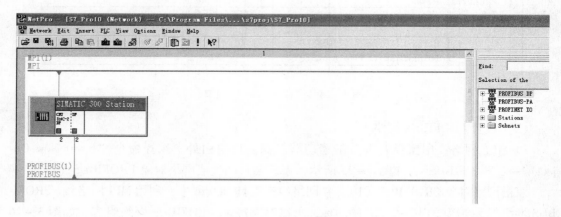

图 3 – 26　组态网络

（3）设置主站通信属性

返回"SIMATIC Manager"，选择 SIMATIC 300 Station→双击 Hardware（硬件）对象，打开"HW Config"窗口，双击 DP 所在的行，打开 DP 接口属性对话框，如图 3 – 28 所示。

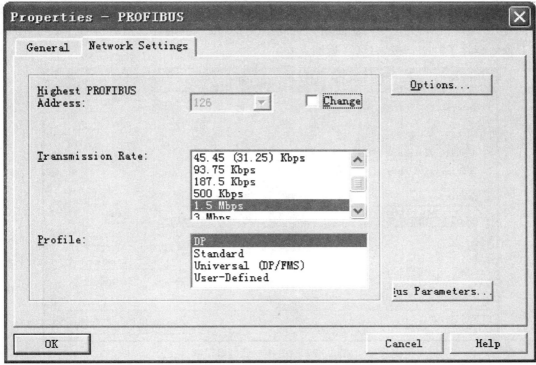

图 3 - 27 设置 PROFIBUS 网络线参数

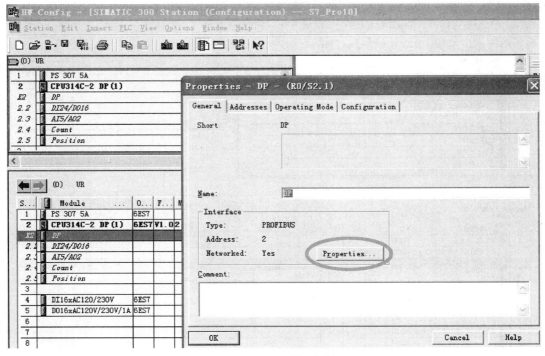

图 3 - 28 DP 属性对话框

选择"General"页面，此处可以设置 DP 接口的 Name。然后单击"Properties…"按钮，打开参数设置，如图 3 - 29 所示，可以修改 DP 接口的地址，用 New 建立新子网络，用 Delete 删除子网络，按"OK"返回。

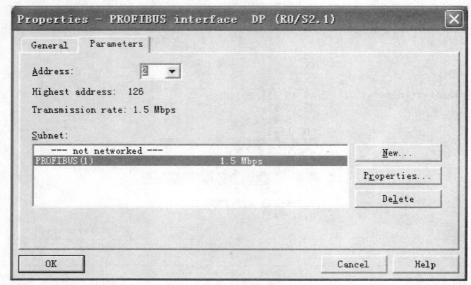

图 3 - 29　DP 接口属性对话框

本示例均使用系统的默认设置，不做修改。单击"OK"按钮，退出两个属性设置对话框，返回"HW Config"窗口后，窗口中就会显示 PROFIBUS - DP 的信息，如图 3 - 30 所示。

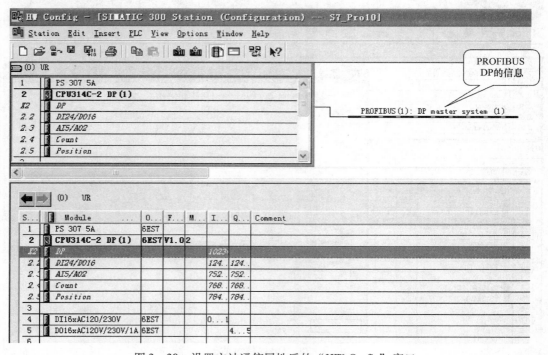

图 3 - 30　设置主站通信属性后的"HW Config"窗口

通过菜单命令"Station"→"Save and Compile…"，对 SIMATIC 300 Station 的硬件信息进行保存和编译，然后退出。

至此，DP 主站已经设置完毕。

（4）组态 DP 从站 ET200B

回到网络组态（NETPRO）窗口，打开窗口右侧的 PROFIBUS – DP 文件夹，单击激活主站 CPU 314 – 2 DP 图标上紫色的 DP 接口，双击 ET200B 中的"B – 16DI/16DO"，出现如图 3 – 31 所示的对话框，设置其地址。

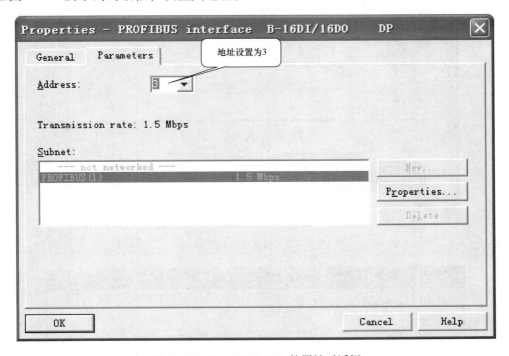

图 3 – 31 B – 16DI/16DO 的属性对话框

选择完地址参数后，按"OK"确定，则 ET200B 从站被接入网络，如图 3 – 32 所示。

右击 B – 16DI/DO 图标，选择"Object Properties"属性项，打开 B – 16DI/DO 属性页，如图 3 – 33 所示，可以查阅或修改参数。

其中"SYNC/FREEZE Capabilities"指出 DP 从站能否执行由 DP 主站发出的 SYNC（同步）和 FREEZE（锁定）控制命令。

诊断地址"Diagnostic Addresses"用于 OB 86，通过它，CPU 可以读出诊断信息。

监控定时器"Watchdog"功能，可以在预定时间内没有数据通信，DP 从站将切换到安全状态，所有输出被置为 0 状态。

完成上述从站设置后，在 PROFIBUS 网络系统中，各站的输入/输出自动统一编址。可以通过"HW Config"设置窗口进行查阅，例如在本示例中，CPU314C – 2 DP 的 16 点 DI 模块的输入地址为 IB0 和 IB1，16 点 DO 模块的输出地址为 QB4 和 QB5。而 ET200B 16DI/16DO 模块的输入地址为 IB2 和 IB3，16 点 DO 模块的输出地址为 QB0 和 QB1。

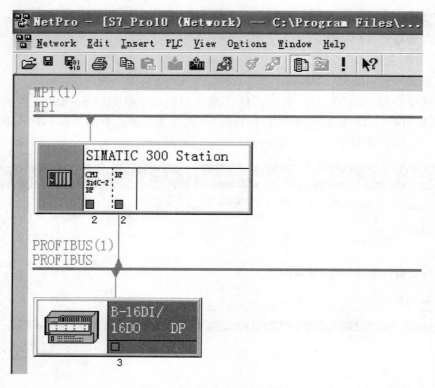

图 3－32　接入 ET200B 从站

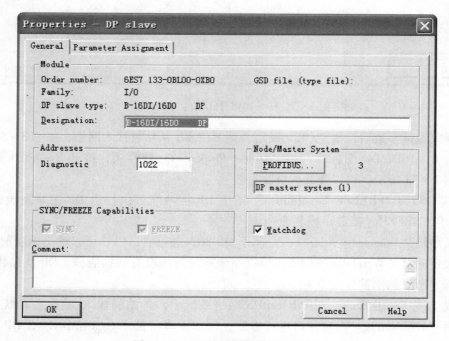

图 3－33　DP 从站属性设置对话框

（5）组态 DP 从站 E T200M

ET200M 是模板化的远程 I/O。组态 ET 200M 与 ET 200B 的方法基本相同。在 NetPro 中，单击激活主站 CPU 314 – 2 DP 图标上紫色的 DP 接口，打开 ET 200M 文件夹，选择接口模块"IM 153 – 2"，双击后生成 ET 200M 从站，如图 3 – 34 所示。

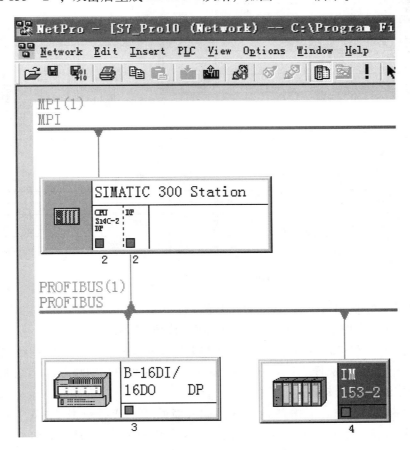

图 3 – 34 在 NetPro 中生成 ET 200M 从站

双击图 3 – 34 中 SIMATIC 300 Station 图标，打开"HW Config"窗口。CPU 314C – 2 DP 的硬件组态中，单击 IM 153 – 2 图标，激活 IM 153 – 2 的机架结构，在 4 ~ 11 行插入 S7—300 系列模块，如 SM 334 AI4/AO2 插入槽 4、SM 323DI16/DO16 插入槽 5，如图 3 – 35所示。则 SM 334 AI4/AO2 的地址为 256 ~ 263 和 256 ~ 259，SM 323 的地址为 B2 ~ B5。

完成设置后，通过菜单命令"Station"→"Save and Compile…"，对 SIMATIC 300 Station 的硬件信息进行保存和编译，然后退出"HW Config"窗口。在"NetPro"窗口，通过菜单命令"Network"→"Save and Compile…"，对 DP 组态进行保存和编译，然后退出"NetPro"窗口。至此，DP 从站 ET200M 的组态完成。

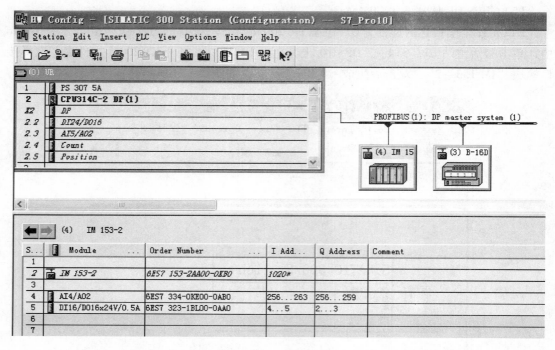

图 3 - 35   "HW Config" 中对 IM 153 - 2 插入模块

（6）组态一个带 DP 接口的智能 DP 从站

下面将建立一个以 CPU 314C - 2 DP 为核心的智能从站。

1）建立一个 S7—300 站对象：进入 SIMATIC Manager 管理器，用鼠标右键点击项目对象，在打开的菜单中选择 "Insert New Object" → "SIMATIC 300 Station"，插入新的站，一般新站名由 STEP 7 自动产生。

2）对站的硬件组态：双击新站图标，进入新站中，然后双击 "HW Config" 图标，对站进行硬件组态。在 Catalog（硬件配置类目录）中打开 SIMATIC 300 项→找到并打开 RACK - 300 文件夹，双击其中的 "Rail" 图标，建立该站的机架→找到并依次插入电源 PS 307 5A（第 1 槽）、CPU 314C - 2 DP（第 2 槽）、SM 334 AI 4/AO 2（第 4 槽）和 SM323 DI 16/DO 16（第 5 槽），如图 3 - 36 所示。

3）修改站的属性：双击图 3 - 36 中 DP 所在的行，打开 "Properties - DP" 属性设置对话框在 "Operating Mode" 页面中将该站设为从站（DP Slave）。

在 "General" 页面中，单击 Interface 的 "Properties…" 按钮，进入接口属性的设置对话框，在其中设定从站 DP 接口的地址为 "5"，使用 1.5Mbps 传输速率的总线，如图 3 -37所示。

在 "Configuration" 页面中，新建并定义从站 DP 接口的地址参数，如图 3 - 38 所示。

完成上述所有设置后，单击菜单命令 "Station" → "Save and Compile" 对硬件设置进行编译和保存，完成后退出 "HW Config" 窗口。

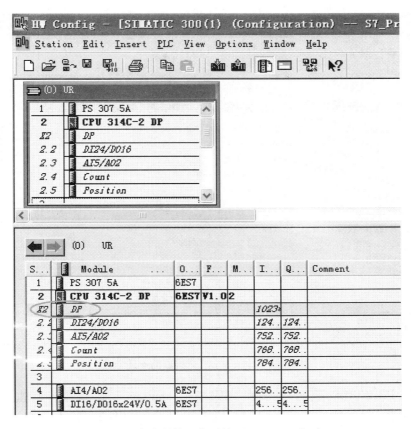

图 3 – 36 完成硬件组态后的 "HW Config" 窗口

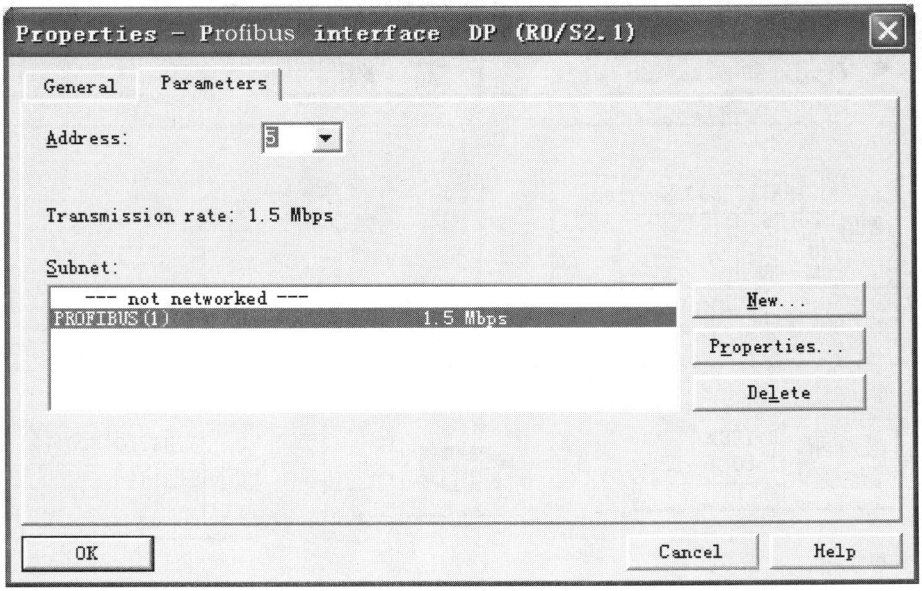

图 3 – 37 接口属性设置

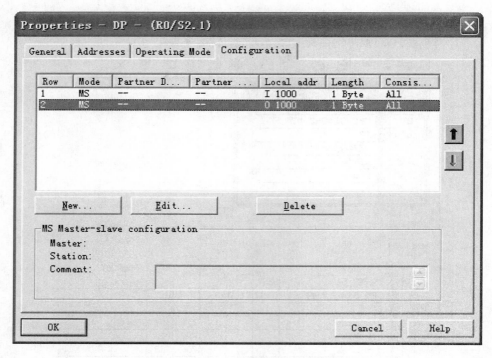

图 3 – 38　定义从站 DP 接口的地址参数

4）组建 PROFIBUS 子网络：在"SIMATIC Manager"窗口中，双击"PROFIBUS（1）"图标，进入子网络组态（NetPro）。此时可以看到如图 3 – 39 所示的总线网络结构图，主站 CPU 314C – 2 DP 已经将从站 CPU 314C –2DP 接入 PROFIBUS 子网络。

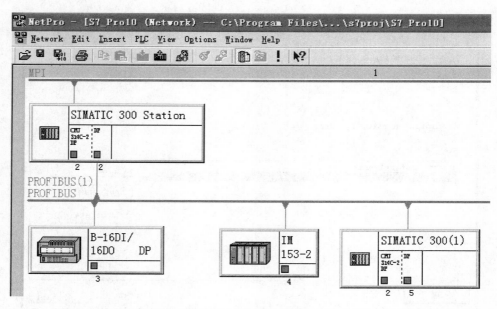

图 3 – 39　总线网络结构图

3．主站与智能从站主从通信方式的组态

（1）DP 主站与"标准"的 DP 从站的通信

DP 主站可以直接访问"标准"的 DP 从站（如紧凑型 DP 从站 ET 200B 和模块式 DP 从站 ET 200M）的分布式输入/输出地址区。

（2）DP 主站与智能 DP 从站的通信

DP 主站不能直接访问智能 DP 从站的输入/输出，而是访问 CPU 的输入/输出地址空间。由智能从站处理该地址与实际的输入/输出之间的数据交换。组态时指定的用于主站和从站之间交换数据的输入/输出区不能占据 I/O 模块的物理地址区。

主站与从站之间的数据交换是由 PLC 操作系统周期性自动完成的，不需要用户编程。但是，用户必须对主站和智能从站之间的通信连接和数据交换区组态。这种通信方式叫主从（Marster/Slave）方式，简称 MS 方式。

（3）DP 主站与智能 DP 从站的通信的组态

打开网络组态（NETPRO）并单击激活主站的 DP 接口，如图 3－40 所示，打开"Configured Stations"（配置站）文件夹，单击"CPU 31X"图标，弹出从站属性对话框。

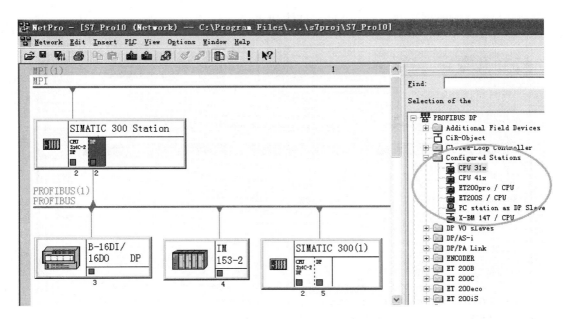

图 3－40　NetPro 中 Configured Stations 文件夹

1）主从通信的连接：选择"Connection"页面，如图 3－41 所示，单击"Connect"按钮，实现从站与主站的通信连接。

2）主从通信的组态：选择"Configuration"页面，如图 3－42 所示，进行主从通信的组态，在组态时需保证主站的输入与从站的输出、主站的输出与从站的输入相对应。

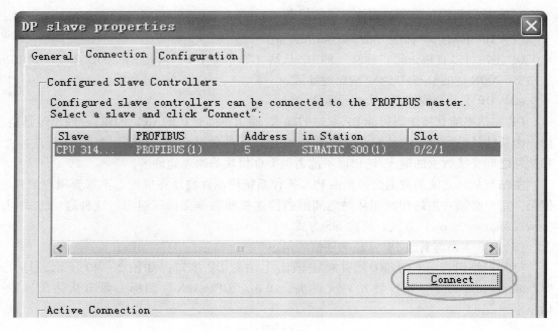

图 3-41 DP 从站属性中 "Connection" 页面

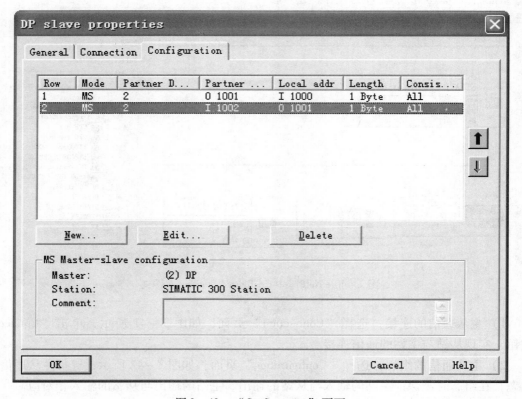

图 3-42 "Configuration" 页面

4. 直接数据交换通信方式的组态

（1）定义与分类

直接数据交换简称 DX，又称交叉通信。在 DX 的组态中，智能 DP 从站或 DP 主站的本地输入地址区被指定为 DP 通信伙伴的输入地址区。智能 DP 从站或 DP 主站利用它们接收 PROFIBUS–DP 通信伙伴发送给它的 DP 主站的输入数据。

1）单主站系统中 DP 从站发送数据到智能从站：从 DP 从站来的数据可以迅速地传送到智能从站（I 从站），如图 3–43 所示。

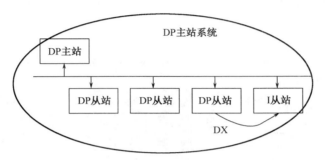

图 3–43　单主站系统的 DX

2）多主站系统中从站发送数据到其他主站：一个 PROFIBUS–DP 子网络中，有几个 DP 主站的系统称为多主站系统。智能 DP 从站或简单的 DP 从站来的输入数据，可以被同一个 PROFIBUS–DP 子网络中不同的 DP 主站系统的主站直接读取。这种通信方式也叫做"共享输入"，因为数据可以跨越 DP 主站系统使用，如图 3–44 所示。

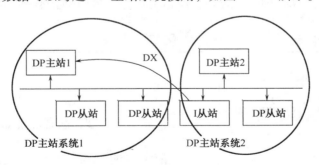

图 3–44　多主站系统的 DX

（2）示例

DP 主站系统由 CPU 316C–2DP（主站地址为 2）、CPU 313C–2DP（从站地址为 3）和 CPU 314C–2DP（从站地址为 4）等构成。

通信要求是，4 号站发送连续的 4 个字到 DP 主站，3 号站发送连续的 8 个字到 DP 主站，4 号站用直接数据交换功能收到这些数据中的第 3～6 个字。

1）建立系统：CPU 416–2DP（地址为 2）、CPU 315–2DP（地址为 3）、CPU 316–2DP（地址为 4）、ET200B（地址为 1）。具体方法参考前文示例，图 3–45 为本示例系统的总线网络结构图。

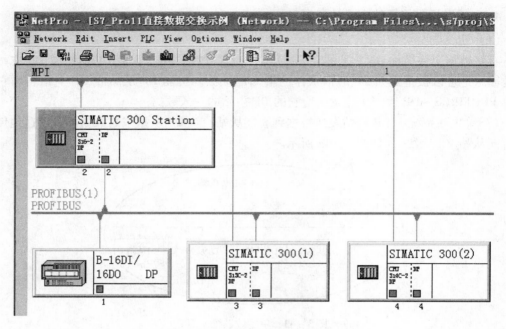

图 3 – 45   系统总线网络结构图

2）建立 PROFIBUS – DP 子网络：采用主站与智能从站通信组态中介绍的方法，完成
PROFOBUS – DP 子网络，在"HW Config"窗口中的组态图，如图 3 – 46 所示。

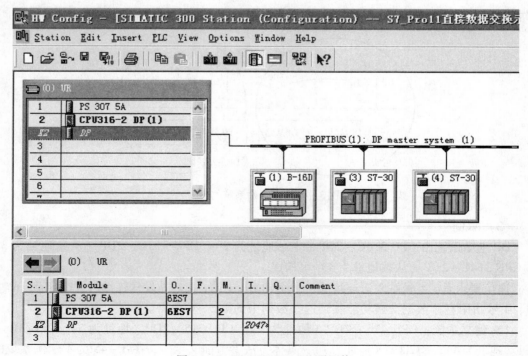

图 3 – 46   PROFIBUS – DP 子网络

注意：使用"Configured Stations"（配置站）文件夹中"CPU 31X"图标的方法，和设置的要求。

3）子网通信组态：从站3主从组态如图3-47所示。

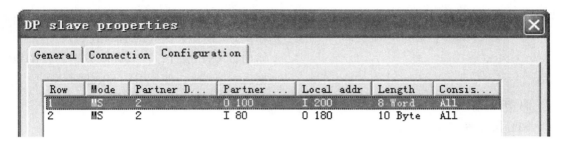

图3-47 从站3主从组态

从站4主从组态和DX组态如图3-48所示。

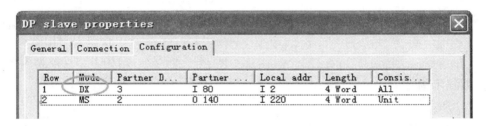

图3-48 从站4主从组态和DX组态

3.2.3 系统功能SFC在PROFIBUS通信的应用

SIMATIC S7系统通过PROFIBUS-DP网络与DP从站进行数据通信时，可以根据"HW Config"中所分配的地址，通过过程映像直接交换或通过I/O指令进行输入/输出数据的交换。但是，PROFIBUS网络通常使用多于4个字节的数据，所以在这种复杂功能和复杂数据结构的情况下，简单的I/O指令就无法满足要求。此时，可以使用STEP 7系统提供的特殊功能模块SFC与DP从站进行通信。

1. 通用SFC参数简介

输入参数REQ、BUSY、LADDR，输出参数RET_VAL都是一些通用的SFC参数。

REQ：REQ为"1"时，则调用该系统功能。

BUSY：BUSY为"1"时，所调用的系统功能仍处于激活状态；当BUSY为"0"时，所调用的系统功能结束工作。

LADDR：LADDR确定"HW Config"中所组态的I/O模板的逻辑起始地址，或是DP从站的诊断地址，数据为16进制格式。

RET_VAL：所有的SFC都有一个输出参数RET_VAL。它返回一个值，告知系统功能的执行是否成功。如果在处理SFC时发生错误，则返回值包含一个故障代码。

2. 用 SFC 14（标志为"DPRD - DAT"）读取标准 DP 从站的连续数据

```
CALL    SFC  14            //"DPRD – DAT"
LADDR   : =                //输入，WORD 型，被读模块的输入映像区
                             的起始地址（对方），用十六进制表示
RET_VAL : =                //输出，INT 型，SFC 的返回值
RECORD  : =                //输出，ANY 指针，存放读取数据的目的数
                             据区（本方），使用 BYTE 数据类型
```

3. 用 SFC 15（标志为"DPRW - DAT"）写标准 DP 从站的连续数据

STL 指令框架如下所示：

```
CALL    SFC  15            //"DPRW – DAT"
LADDR   : =                //输入，WORD 型，被写模块的输出映像区
                             的起始地址（对方），用十六进制表示
RECORD  : =                //输出，INT 型，SFC 的返回值
RET_VAL : =                //输出，ANY 指针，存放要写出数据的源数
                             据 区（本方），使用 BYTE 数据类型
```

4. 编程示例

（1）说明。

DP 主站（CPU416 – 2DP）用 SFC15 发送数据，被智能从站（CPU315 – 2DP）用 SFC14 读出保存。反之，智能从站用 SFC15 发送数据，被 DP 主站读出保存。编程示例功能如图 3 – 49 所示。

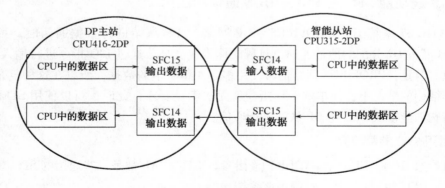

图 3 – 49　编程示例功能

主站存放输入/输出数据于 DB10/DB20，从站存放输入/输出数据于 IB100 ~ 109/QB100 ~ 109 中。主从站输入/输出映像区均为 IB1000 ~ 1009/QB1000 ~ 1009。

（2）主站通信程序

主站：将从站 IB1000 ~ IB10009 数据，送到主站数据块 DB10 中。

主站：将主站数据块 DB20 中的数据，写到从站 QB1000 ~ QB1009。

参考上述两条主站的任务，所以在生成 OB1 主程序前，应该先生成 DB10 和 DB20 数

据块，生成长度为 10 个字节的数据（ARRAY），此处就不再详细说明了。

Network 1：DP 主站 OB1 中的程序

```
OPN   OB 10
CALL   P "DPRD_DAT"              //调用 SFC 14
LADDR：=W#16#3 E8               //从站输入区起始地址（十进制 1000）
RET_VAL：=MW 200               //返回值存储在 MW 200 中
REDORD：=P#DB10.DBX 0.0 BYTE 10 //指向存放输入数据的数据区的指针
OPN   P DB 20
CALL   P "DPWR_DAT"              //调用 SFC 15
LADDR：=W#16#3 E8               //从站输出区起始地址（十进制 1000）
RECORD：=P#DB20.DBX 0.0 BYTE 10 //指向存放输出数据的数据区的指针
RET_VAL：=MW202                //返回值存储在 MW 202 中
```

（3）智能从站通信程序

从站：读主站 IB1000～1009 数据，到从站输入映像区 IB100～109。

从站：写主站 QB1000～1009 数据，到从站输出映像区 QB100～109。

Network 1：智能 DP（CPU315－2DP）从站 OB1 中的程序

```
CALL   "DPRD_DAT"              //调用 SFC 14
LADDR：=W#16#3 E8             //从站输入区起始地址（十进制 1000）
RET_VAL：=MW 200             //返回值存储在 MW 200 中
REDORD：=P#I 100.0 BYTE 10    //指向从站存放输入数据的输入映像区
                               //  的指针
L      IB 100                 //将输入数据 IB 100 装入累加器 1
T      QB 100                 //将累加器 1 中的数据传送到 QB100 中
CALL   "DPWR_DAT"            //调用 SFC 15
LADDR：=W#16#3 E8            //从站输出区起始地址（十进制 1000）
RECORD：=P#Q 100.0 BYTE 10   //指向从站存放输出数据的数据区的指针
RET_VAL：=MW202             //返回值存储在 MW 202 中
```

当程序输入后保存 OB1，关闭 STL 编辑器，并切换到 SIMATIC Manager 窗口，在从站的"Blocks"中，应该包含 System data、OB1、SFC 14 和 SFC 15。

3.3　执行器传感器接口 AS－I

在现场总线系统中，PROFIBUS 等可以解决现场级和车间级设备的通信问题，但工业自动化现场信号均要落实到具体的传感器或执行器上，这些设备散落在工厂的每个角落，数量庞大。它们不可能全都连接到 PROFIBUS 等高级总线上。因此，必须有一种低级的总线可以完成该任务，通过这种总线，可以将最低级设备连接到高层网络中，从而构成完整的工业通信网络。

AS－I源自 Actuator-Sensor-Interface，可以解释为：在执行器、传感器和 PLC 之间的接口。被公认为是一种最好的、最简单的和最低成本的底层现场总线，它通过高柔性和高可靠性的单根电缆把现场具有通信能力的传感器和执行器连接起来。它可以在简单应用中自成系统，也可以通过连接模块与各种高层总线连接。它取代了传统自控系统中繁琐的底层连线，实现了现场设备信号的数字化和故障诊断的现场化、智能化，大大提高了整个系统的可靠性，节约安装，调试和维护成本。

1990 年，在德国政府的支持下，由 11 个传感器和执行器方面的制造商开始研发 AS－I，并一起颁布了它的机械和电气标准。随后，AS－I 联合会在 1991 年建立，该联合会对各厂家的产品进行测试和认证，只有合格的产品才会被授予 AS－I 的标志进行销售。

3.3.1　AS－I总线的特点和技术规范

1. AS－I总线的特点

通常来说，AS－I 具有以下几方面优点：

（1）简单

主站和从站的内部程序都是生产厂商预先在设备中写好的，用户只需按照要求做好基本的设置即可。而且传输电缆的连接也非常简单，不需要做传统的剥线等繁琐的工作。

（2）成本低

和传统的底层接线和设备维护相比，AS－I 可节约近 40% 的成本。在传统的接线中，每个装置的各个信号都要分别连接控制器或 PLC，有些装置还需要提供辅助电源。所有这些都需要大量的接线，既增加了成本，也需要很多的时间，而且会增加使用中的故障率，不易维护。AS－I 系统从根本上消除了这种缺陷，不仅省去大量的电缆连接，也省去了各种电缆槽、桥架和大量的端子，而且还提供了高智能的诊断功能。

以下数字可以看出 AS－I 总线与传统接线方式之间，惊人的成本差距：

- AS－I 安装成本小于传统方式的 5%
- 组装成本小于传统方式的 75%
- 材料成本大约为传统方式的 20%

（3）可靠性高

数据通信的可靠性是现场总线通信的最重要因素。和其他总线一样，AS－I 也采取了许多抗干扰措施，比如 APM（Alternating Pulse Modulation，交变脉冲调制）调制技术和差错校验 AS－I 对网络和从站设备提供不间断的监控，此外还具有极强的诊断功能。从设备硬件到软件都按照高可靠性的规范和协议进行开发和制造，这些都保证了 AS－I 系统的高可靠性。

（4）速度快

AS－I 对整个系统的最大扫描时间不超过 5ms，甚至超过了很多控制器的最小响应时间。

2. AS－I总线的技术规范

AS－I 的技术数据和传输协议遵循 EN 50295 标准。主要包括：

1）必须是标准化的接口，以便不同制造商的产品可以方便的互联。

2）通信技术必须是低成本的，通信设备必须小型化，以便现场传感器和执行器可以最大限度的小型化和简单化。

3）具有坚固的网络拓扑，不需要屏蔽和终端电阻，即使在恶劣环境中也能保证通信的可靠性。

4）网络中只有1个主站，最多31个从站，每个从站有4位I/O可以利用。

5）最多124个I/O传感器和执行器。

6）主从站间采用循环方式进行访问。

7）循环时间最大5ms。

8）网络连接电缆为双芯、非屏蔽、$1.5mm^2$的黄色异型电缆或圆形电缆。最大长度为100m。使用中继器可扩展到300m。但最多只能使用两个中继器。

9）供电电源30VDC（29.5～31.6V）。辅助电源也可为24VDC。从站能得到的最大供电容量为8A。

AS－I总线属于单主站系统。因此，在一个系统中，只能有1个主站，最多31个从站。如果还需要更多的从站，就要安装另一个AS－I系统，通过增加一个主站的方式来扩展系统。

3.3.2 AS-I基本模块

AS－I系统由不同功能的模块组成，主要可以分为主站、从站、供电电源和网络元件。下面将具体介绍每种模块的功能和特点。

图3-50 AS-I总线网关

1. 主站

AS－I是单主站系统，主站能在精确的时间间隔内完成和从站的通信任务，包括数据交换、参数设置和诊断等功能。AS－I主站的这些功能是由它内部的ASIC（Application Specific Integrated Circuit，专用集成电路）和微处理器一起实现的。

主站装置可以是PLC、PC或各种网关，其中网关最为重要（如Siemens CP343模块），图3-50为一网关实物图。网关可以把AS－I系统连接到更高层的网络中（如PROFIBUS）。网关作为AS－I主站的同时，也是高层网络中的从站。

2. 从站

AS－I从站的作用是连接现场I/O。但从站也分为两种，一种是智能型装置，另一种是普通I/O设备。

在智能型装置中，集成有通信用的ASIC，它们可以直接连接在AS－I中，并具有诊断功能。

对于普通 I/O 设备来说，如果想接入 AS－I 系统，必须提供一个带有 ASIC 的 AS－I 模块，I/O 设备与这些模块连接。

3. 供电电源

供电电源为 30VDC，必须使用专用的 AS－I 电源，并且直接与数据线连接。AS－I 从站正常工作的电压至少在 26.5V 以上。一个从站消耗的电流在 100mA 以上，一个分支上的所有从站消耗电流大约为 2A，AS－I 电缆能提供的最大容量为 8A。当消耗的电流过大时，需要添加辅助电源。辅助电源为 24VDC，用一个双芯黑色无屏蔽的电缆将辅助电源与从站连接起来。辅助电源线同样使用穿刺技术连接，如图 3－51 所示。

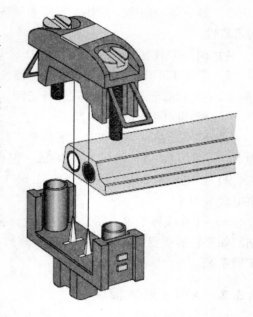

图 3－51　AS－I 电缆的穿刺连接

AS－I 系统中，电源是非常重要的模块，它与一般的电源相比有很大不同，如图 3－52 所示。它的功能包括：

1）供电。

2）平衡网络。AS－I 在对称的、非接地条件下工作。为了达到 EMC 要求，要求网络尽可能平衡。在平衡网络中，屏蔽线要接地，在 AS－I 网络中也只允许该点接地。

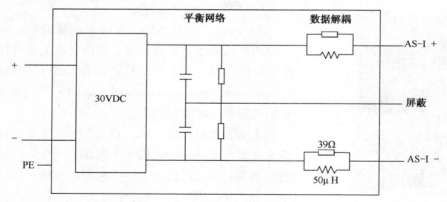

图 3－52　电源的作用

3）数据解耦。数据解耦集成在供电电源中，它有两组并联的 39Ω 电阻和 50μH 电感组成。作用是利用电感对电流的微分作用，把 AS－I 发送的电流信号转换成电压信号，并且可以在电源发生短路时对网络进行一定程度的保护。

4）安全隔离。供电电源将 220VAC 转换为 30VDC。

5）网络元件。AS－I 的主要网络元件有电缆、中继器和从站服务器（PSG）。

图3-53　AS-I电缆

AS-I的黄色异型电缆用于连接电源和主从站，提供供电和传送数据。另外，黑色的异型电缆用于连接辅助电源和从站。常见AS-I电缆如图3-53所示。

AS-I的数据电缆采用非屏蔽、异型端面的双芯非双绞线。防护要求达到IP67，即使使用过，也可以保证该防护等级。独特的穿刺连接技术使安装更加简单，更加可靠，有很好的防水防尘特性。

3.3.3　AS-I的通信

1. AS-I的通信过程

当AS-I主站上电时，在设定阶段它将轮询访问各个已连接的从站（1~31）。如果从站有所响应，则主站将对从站建立地址和行规的列表。

行规（Profile）是对设备的一种描述和规定。AS-I的行规不仅对I/O作了规定，也对数据位和参数位的用途和功能也作了规定。行规使得有关设备具有了互操作性，即不同厂商的统一规格产品可互相替代。行规是由AS-I国际组织制定的，分为主站行规和从站行规两种。不同的行规编号有不同的定义，通过行规可以看出主、从站设备的特性。

当访问过所有从站后，AS-I主站对从站建立了完整的地址列表。开始正常工作后，主站会定期按照列表访问各从站，当发现从站实际地址和行规与列表中的信息不同时，会向PLC发送地址错误或参与者不可用的故障信息。

该通信按照一定周期进行，每次访问的时间最多5ms。所有存在的从站都将在这个时间内被访问一次，访问的内容包括从站地址信息、参数信息和诊断信息。

AS-I主站采用轮询方式访问，即按照顺序一个一个的对从站进行访问。这个顺序就是在上电时，主站第一次访问时建立的地址列表。如果在访问时，则从站在规定时间内没有对主站的请求作出响应，主站会立即重复访问一次。如果还没有响应，则主站将访问下一地址。在后面的两个周期内，主站会继续尝试访问先前丢失的地址，如果依然没有回应，则故障错误位会被置位，并将该信息发送给PLC。

在每个周期内主站都将访问从站的参数信息，每一次还要访问诊断信息。当AS-I主站发现系统中出现了一个在列表中未曾出现的地址后，在随后的30个周期（最多150ms）也同样读出了这个地址，便会将该地址写入列表并报告给PLC。

2. AS-I的拓扑结构

AS-I网络的拓扑结构包括总线形、星形和树形结构，如图3-54所示，可以完全适应各种工业场合。通常，每个网段的最大长度不能超过100m，最大从站数量为31个。如果按照AS-IV2.1版本，则最大从站数量为62个。如果网络段很长，就要使用中继器进行信号的中继。但即使使用中继器，最大从站数量也不可能增加。

3. AS-I的通信原理

AS-I的数据通信是通过非屏蔽双芯电缆完成的，它与30VDC连接。信号以电压信

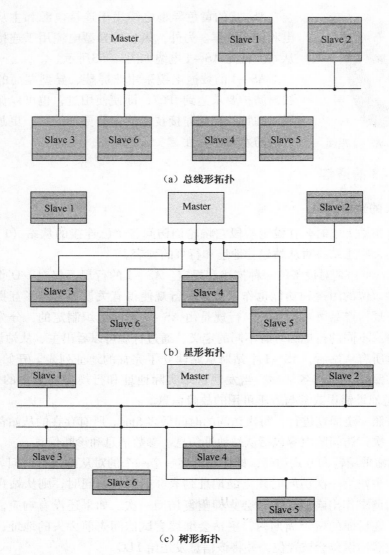

（a）总线形拓扑

（b）星形拓扑

（c）树形拓扑

图 3-54　AS-I 网络的拓扑结构

号方式传送。为了满足传送的安全性，信号频率不能太高，以防止信号扩散，而且非屏蔽双芯电缆只适用于低频范围。

在数据收发过程中，发送装置所传输的数据按顺序被转换成曼彻斯特码，然后经过正弦二次方信号脉冲调制，被平滑调制成电流信号，解耦装置最终会把电流信号转化为电压信号供接收装置接收。

4. AS-I 的报文

AS-I 网络中的主站通过轮询方式访问从站，每一次访问都是主站发送请求报文，从站检测到后，在一定时间内必须对此作出响应，发送一个响应报文。主站收到响应报文后，再访问下一站点。报文结构如图 3-55 所示。

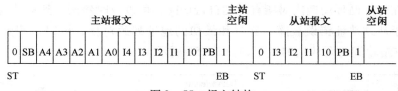

图3-55 报文结构

其中：

ST　=　起始位，总为0

SB　=　控制位。为0时，表示报文为数据、参数或地址报文；为1时，为控制命令报文

A4…A0　=　从站地址（5 bit）

I4…I0　=　主站发送给从站的信息（5 bit）

I3…I0　=　从站发送给主站得信息（4 bit）

PB　=　奇偶校验位

EB　=　结束位，总为1

由于只能是主站发起通信请求，数据报很短，协议要求也不像高级总线那样复杂。再加上从站数量的限制，以至于输入/输出数据吞吐量小，传送速度非常快。这也是AS-I受电磁干扰的影响很小的原因。

AS-I中的主站和从站的数据交换按下列方式进行：

（1）主站请求

1）起始位ST表示主站请求的开始（ST=0）。

2）控制位SB为0时，表示报文为数据、参数或地址报文；为1时，为控制命令报文。

3）A4…A0，5个位表示被呼叫的从站地址。

4）I4…I0，5个位表示主站发送给从站的信息。

5）奇偶校验位PB表示主站请求信息中"1"的数量，如果报文没有错误，从站会识别出这个位。

6）结束位EB表示主站请求完毕（EB=1）。

7）主站空闲的时间在3…10个码元时间内，以保证传输的安全性。

（2）从站响应

1）起始位ST表示从站响应的开始（ST=0）。

2）I3…I0，4个位表示从站对主站的响应信息。

3）奇偶校验位PB表示从站响应信息中"1"的数量，如果报文没有错误，主站会识别出这个位。

4）结束位EB表示从站响应完毕（EB=1）。

5）从站空闲时间在3…10个码元时间内，以保证传输的安全性。

通过上述的传输规则，可以获得非常高的传输安全性。任何情况下，都可以检测出1

个，2 个或 3 个错误。甚至对 4、5 个错误的检测，也能够达到 99.9999% 的正确率。这也是因为主站在每个循环周期内对所有从站进行访问，可以及时地探测到从站的故障。

主站对于从站地址错误故障，通过和最初的地址列表对比，可以检测到地址是否正确。AS－I 主站轮询访问从站的模型如图 3－56 所示。

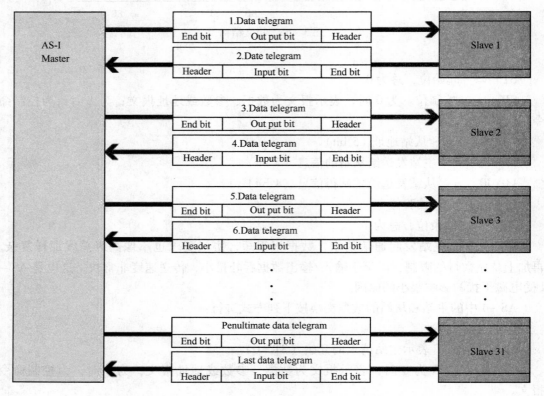

图 3－56　AS－I 主站轮询访问从站的模型

3.3.4　AS－I 元件的使用

1. AS－I 主站与 PLC 的连接

图 3－57 为 AS－I 主站 CP342－2 与以 CPU 313C－2 DP 为核心的 PLC 配置，以及标准 24VDC 与 30VDC 的 AS－I 专用电源的连接。

2. AS－I 从站的 4 位连接

AS－I M12 插件接口如图 3－58 所示。

4 位输入输出模块的连接如下：

1）3 线传感器的配置列表（输入信号）：

$$1 \quad = \quad + \quad = \quad 棕线$$
$$2 \quad = \quad 信号 \quad = \quad 黑线$$
$$3 \quad = \quad - \quad = \quad 蓝线$$

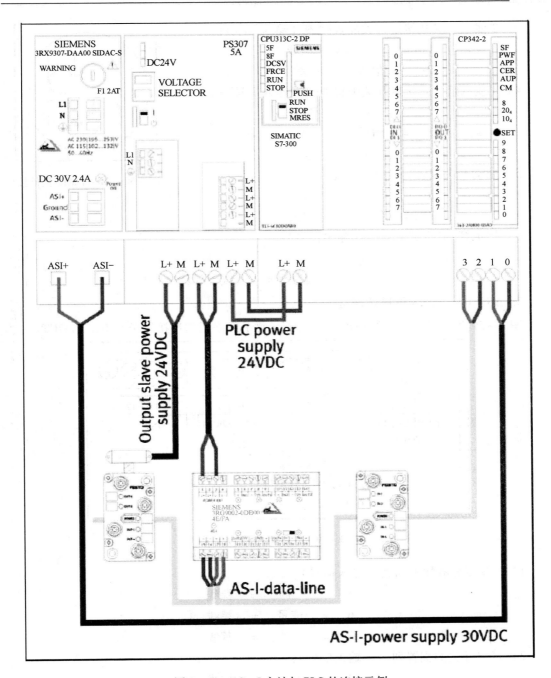

图 3－57　AS－I 主站与 PLC 的连接示例

2）真空开关的配置列表（输入信号）：

1	=	+	=	棕线
2	=	信号	=	黑线
3	=	－	=	蓝线

3) 2线磁感应式接近开关配置列表（输入信号）:

$$1 \quad = \quad + \quad = \quad 黑线$$
$$2 \quad = \quad 信号 \quad = \quad 棕线$$

4) 3线磁感应式接近开关配置列表（输入信号）:

$$1 \quad = \quad + \quad = \quad 棕线$$
$$2 \quad = \quad 信号 \quad = \quad 黑线$$
$$3 \quad = \quad - \quad = \quad 蓝线$$

5) 微动开关配置列表（输入信号）:

$$1 \quad = \quad + \quad = \quad 棕线$$
$$2 \quad = \quad 信号 \quad = \quad 绿线$$

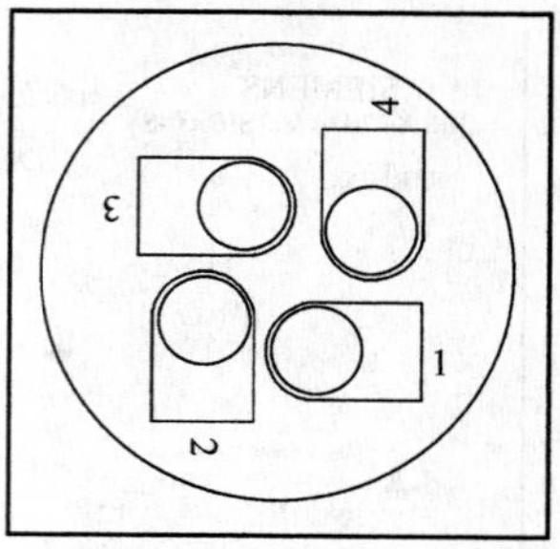

图 3 - 58　AS - I M12 插件接口

6) 指示灯/电机配置列表（输出信号）:

$$3 \quad = \quad - \quad = \quad 棕线/红线$$
$$4 \quad = \quad 信号 \quad = \quad 蓝线/黑线$$

3. AS - I 从站的 8 位模块连接

图 3 - 59 为从站的 8 位模块连接方式图（每个网络元件连接端子为 IN1 和 OUT1）。

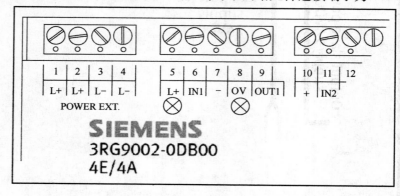

图 3 - 59　8 位模块连接方式图

1) 3 线传感器配置列表（输入信号）

$$5 \quad = \quad + \quad = \quad 棕线$$
$$6 \quad = \quad 信号 \quad = \quad 黑线$$
$$7 \quad = \quad - \quad = \quad 蓝线$$

2) 真空开关的配置列表（输入信号）:

$$5 \quad = \quad + \quad = \quad 棕线$$
$$6 \quad = \quad 信号 \quad = \quad 黑线$$
$$7 \quad = \quad - \quad = \quad 蓝线$$

3) 2 线磁感应式接近开关配置列表（输入信号）:

$$5 \quad = \quad + \quad = \quad 黑线$$
$$6 \quad = \quad 信号 \quad = \quad 棕线$$

4）3线磁感应式接近开关配置列表（输入信号）：

$$5 \quad = \quad + \quad = \quad 棕线$$
$$6 \quad = \quad 信号 \quad = \quad 黑线$$
$$7 \quad = \quad - \quad = \quad 蓝线$$

5）微动开关配置列表（输入信号）：

$$5 \quad = \quad + \quad = \quad 棕线$$
$$6 \quad = \quad 信号 \quad = \quad 绿线$$

6）指示灯/电机配置列表（输出信号）：

$$8 \quad = \quad - \quad = \quad 棕线/红线$$
$$9 \quad = \quad 信号 \quad = \quad 蓝线/黑线$$

3.3.5　使用从站服务器进行编址

AS – I 网络中的从站地址为 1~31，即最多只能有 31 个从站设备。为了定义这些从站的地址，可以通过不同的方式来设置，包括主站设置、从站服务器设置，有些从站还可以通过按钮设置。图 3 – 60 是使用西门子从站服务器（Programming and Service Device，PSG）设定地址的。

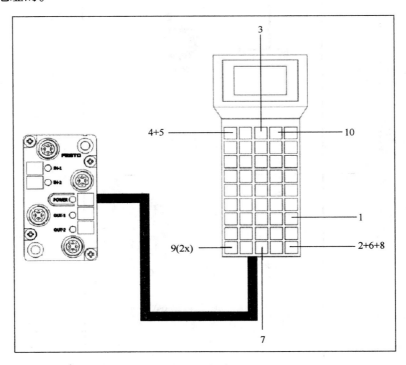

图 3 – 60　使用西门子从站服务器设定地址

图 3 – 60 中数字的含义如下：

1——psg 开机（start）；　　　　2——确认指示灯（enter）；　　　　3——选择主站（f3）；

4——选择操作模式（f1）；　5——选择新的从站（f1）；　6——确认 as – i 地址（enter）；
7——输入新的地址（2）；　　8——确认进入（enter）；　　9——回到主菜单（2xesc）；
10——关机（f4）。

图 3 – 61 是使用 AS – I 服务器设定地址的。

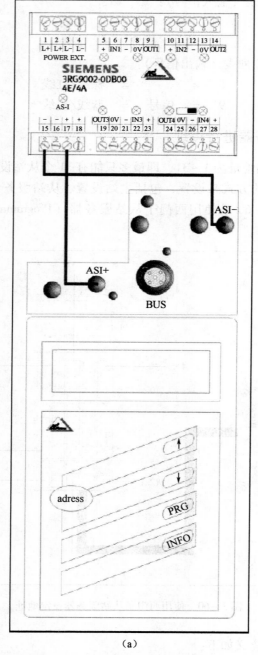

（a）

图 3 – 61　用 AS – I 服务器设定地址

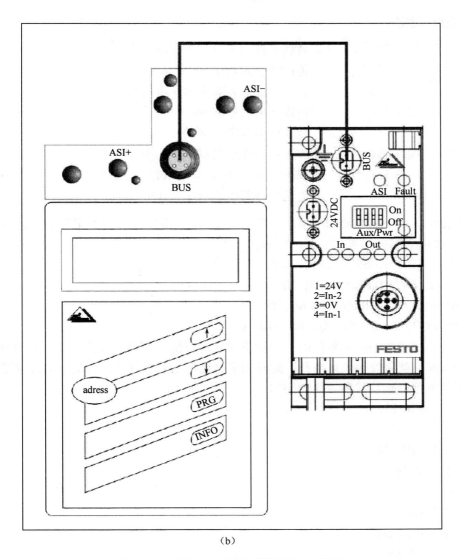

（b）

图 3 – 61　用 AS – I 服务器设定地址（续）

如图 3 – 61 所示，使用从站服务器进行设定非常简单、方便，不需做过多说明。只是要注意，在连接时，4I/4O 模块的正负极不要接错。

3.3.6　使用 S7 PLC 进行硬件地址设置

下面说明通过 PLC 如何将连接在控制器上的 AS – I 输入输出设备进行地址设置。

AS – I 从站地址范围，由 PLC 硬件决定：

- 输入字节地址范围 256 ～ 271
- 输出字节地址范围 256 ～ 271

由于 AS – I 从站属于 PLC 的外围设备，所以 AS – I 从站的地址不能在程序中直接设置。但是在编程软件中，要按照程序要求在组织块中进行地址设置。下列的程序举例会说明如何进行设定：

```
L    PID 256      //装载外部输入双字 256 中的内容
LT   ID 64        //传送到输入双字 64 中
LL   PID 260      //装载外部输入双字 260 中的内容
LT   ID 68        //传送到输入双字 68 中
LL   QD 64        //装载输出双字 64 中的内容
LT   PQD 256      //传送到外部输出双字 256 中
LL   ID 68        //装载输入双字 68 中的内容
LT   PID 260      //传送到外部输入双字 260 中
```

为了在组织块中方便地编写程序，外围设备 DW（双字）和内部 DW 被相互转换。每一个输入/输出双字包括 4 个字节，例如：

ID 64 = IB 64，IB 65，IB 66，IB 67

ID 68 = IB 68，IB 69，IB 70，IB 71

QD 64 = QB 64，QB 65，QB 66，QB 67

QD 68 = QB 68，QB 69，QB 70，QB 71

所以在使用双字 DW 型数据时，要注意地址的分配，如果出现例如 ID 64 和 ID 65 同时定义的情况，就将发生地址重叠，此时先定义地址中的内容将被后定义的内容覆盖。

单字节也可以被装载和转换，例如：

```
L    PIB 256
T    IB 64
L    PIB 257
T    IB 65
…
T    QB 64
L    PQB 256
T    QB 65
L    PQB 257
…
```

输入和输出位的外部地址就是指所连接的传感器和执行器所属的从站地址。表 3 - 2 所示，就是一个主站可以被分配的从站地址和 PLC 内部地址。

如表 3 - 4 所示，AS - I 主站的输入和输出占用 16 个字节的内存。AS - I 主站 CP343 在 PLC 的第 4 个槽位上，它可以自动的从 PLC 中获得 256～271 这 16 个字节提供给外部装置。从站 1 的输入地址为 I 256.0～I 256.3，输出地址为 Q 256.0～Q 256.3。其他从站的地址的编制同样根据这个规则。

要注意的是，从站地址不能按 bit（位）的方式设置，必须是按照 Word（字）或 Double Word（双字）的方式传送。

表3-4　主站可以分配的从站地址和PLC内部地址

Byte 地址			bit 编号							
输入映像区域	输出映像区域	CP343-2 （外部数据区域）	7	6	5	4	3	2	1	0
			D3	D2	D1	D0	D3	D2	D1	D0
			IN4	IN3	IN2	IN1	IN4	IN3	IN2	IN1
			OUT4	OUT3	OUT2	OUT1	OUT4	OUT3	OUT2	OUT1
64	64	256	Reserved for diagnosis				Slave 01			
65	65	257	Slave 02				Slave 03			
66	66	258	Slave 04				Slave 05			
67	67	259	Slave 06				Slave 07			
68	68	260	Slave 08				Slave 09			
69	69	261	Slave 10				Slave 11			
70	70	262	Slave 12				Slave 13			
71	71	263	Slave 14				Slave 15			
72	72	264	Slave 16				Slave 17			
73	73	265	Slave 18				Slave 19			
74	74	266	Slave 20				Slave 21			
75	75	267	Slave 22				Slave 23			
76	76	268	Slave 24				Slave 25			
77	77	269	Slave 26				Slave 27			
78	78	270	Slave 28				Slave 29			
79	79	271	Slave 30				Slave 31			

AS-I系统的硬件地址设置示例如图3-62所示。

① 一个微动开关（microswitch）连接到从站3的IN4：

- 寻找从站地址3（第2列/第2行）
- IN4指4位中的第4个位（bit 0～bit 3）=bit 3，相应的绝对地址=I 65.3

② 一个DC电机（DC-motor）连接到从站4的OUT2：

- 寻找从站地址4（第1列/第3行）
- OUT2指4位中的第2个位（bit 4～bit 7）=bit 5，相应的绝对地址=Q 66.5

③ 一个3线传感器（3-wire sensor）连接到从站4的IN2：

- 寻找从站地址4（第1列/第3行）
- IN2指4位中的第2个位（bit 4～bit 7）=bit 5，相应的绝对地址为=I 66.5

④ 一个指示灯（light）连接到从站5的OUT3：

- 寻找从站地址5（第2列/第3行）
- OUT3指4个位中的第3个位（bit 0～bit 3）=bit 2，相应的绝对地址为=Q 66.2

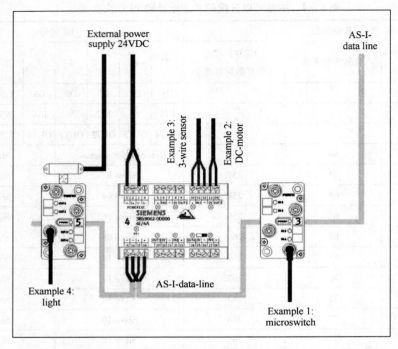

图 3 - 62　AS - I 系统的硬件地址设置示例

3.3.7　AS - I 网络的接线和安装要点

正确和合理的现场安装非常重要，下面是 AS - I 总线在安装时的几个注意问题：

1. 电源

AS - I 的供电电源必须使用专用电源，且只允许该电源的平衡点接地，其他任何地方都不允许接地。电压降会对从站性能产生影响。

安装附加电源时，要使用黑色的电缆连接。

标准的黄色非屏蔽双芯电缆的电阻是 $0.0135\Omega/m$。

2. 网络扩展

使用中继器时，每个网段不能超过 100m，并且每个网段有自己的电源。任何从站和主站之间不允许超过两个中继器，所以整个网络的长度看起来最多为 300m，但采取一定措施后，可以达到 500m 左右。

3. 走线

黄色 AS - I 电缆，棕色为正极，蓝色为负极。为了减少干扰，不要离电力线太近，对超过 60VDC 或 250VAC 的电缆，距离至少为 10cm。对超过 400VDC/AC 的电缆，距离至少为 20cm。如果不可避免的要接近时，则尽量正交而不并行。

附录 A　梯形图（LAD）指令汇总

英语助记符	德语助记符	元件目录分类	说　　明
--┤ ├--	--┤ ├--	位逻辑指令	常开触点（地址）
--┤/├--	--┤/├--	位逻辑指令	常闭触点（地址）
---（ ）	---（ ）	位逻辑指令	输出线圈
---（#）---	---（#）---	位逻辑指令	中间输出
= =0--┤ ├--	= =0--┤ ├--	状态位	结果位等于0
>0--┤ ├--	>0--┤ ├--	状态位	结果位大于0
> =0--┤ ├--	> =0--┤ ├--	状态位	结果位大于等于0
< =0--┤ ├--	< =0--┤ ├--	状态位	结果位小于等于0
<0--┤ ├--	<0--┤ ├--	状态位	结果位小于0
< >0--┤ ├--	< >0--┤ ├--	状态位	结果位不等于0
ABS	ABS	浮点数指令	得到浮点数数字的绝对值
ACOS	ACOS	浮点数指令	得到反余弦值
ADD_DI	ADD_DI	整数数学运算指令	加双精度整数
ADD_I	ADD_I	整型数学运算指令	加整数
ADD_R	ADD_R	浮点数指令	加实数
ASIN	ASIN	浮点数指令	得到反正弦值
ATAN	ATAN	浮点数指令	得到反正切值
BCD_DI	BCD_DI	转换	BCD 码换为双精度整数
BCD_I	BCD_I	转换	BCD 码转换为整数
BR --┤ ├--	BIE --┤ ├--	状态位	异常位二进制结果
----（CALL）	----（CALL）	程序控制	调用来自线圈的 FC SFC（不带参数）
CALL_FB	CALL_FB	程序控制	从逻辑框中调用 FB
CALL_FC	CALL_FC	程序控制	从逻辑框中调用 FC
CALL_SFB	CALL_SFB	程序控制	从逻辑框中调用系统 FB
CALL_SFC	CALL_SFC	程序控制	从逻辑框中调用系统 FC
----（CD）	----（ZR）	计数器	减计数器线圈
CEIL	CEIL	转换	上限
CMP? D	CMP? D	比较	比较双精度整数（? 可取 = =、< >、>、<、> =、< =）

英语助记符	德语助记符	元件目录分类	说　　明
CMP? I	CMP? I	比较	比较整数（? 可取 = =、< >、>、<、> =、< =）
CMP? R	CMP? R	比较	比较实数（? 可取 = =、< >、>、<、> =、< =）
COS	COS	浮点数指令	得到余弦值
---- （CU）	--- （ZV）	计数器	升值计数器线圈
DI_BCD	DI_BCD	转换	双精度整数转换为 BCD 码
DI_R	DI_R	转换	双精度整数转换为实数
DIV_DI	DIV_DI	整数数学运算指令	除双精度整数
DIV_I	DIV_I	整数数学运算指令	除整数
DIV_R	DIV_R	浮点数指令	除实数
EXP	EXP	浮点数指令	得到指数值
FLOOR	FLOOR	转换	基数
I_BCD	I_BCD	转换	整数转换为 BCD 码
I_DI	I_DI	转换	整数转换为双精度整数
INV_I	INV_I	转换	二进制反码整数
INV_DI	INV_DI	转换	二进制反码双精度整数
--- （JMP）	--- （JMP）	跳转	无条件跳转
--- （JMP）	--- （JMP）	跳转	有条件跳转
--- （JMPN）	--- （JMPN）	跳转	如果非则跳转
LABEL	LABEL	跳转	标号
LN	LN	浮点数指令	得到自然对数
--- （MCR >）	--- （MCR >）	程序控制	主控制继电器关闭
--- （MCR <）	--- （MCR <）	程序控制	主控制继电器开启
--- （MCRA）	--- （MCRA）	程序控制	主控制继电器激活
--- （MCRD）	--- （MCRD）	程序控制	主控制继电器取消激活
MOD_DI	MOD_DI	整数数学运算指令	返回分数双精度整数
MOVE	MOVE	传送	分配值
MUL_DI	MUL_DI	整数数学运算指令	乘双精度整数
MUL_I	MUL_I	整数数学运算指令	乘整数
MUL_R	MUL_R	浮点数指令	乘实数
--- （N） ---	--- （N） ---	位逻辑指令	RLO 负跳沿检测
NEG	NEG	位逻辑指令	地址下降沿检测
NEG_DI	NEG_DI	转换	二进制补码双精度整数
NEG_I	NEG_I	转换	二进制补码整数

续表

英语助记符	德语助记符	元件目录分类	说　明
NEG_R	NEG_R	转换	取反浮点数数字
---|NOT| ---	---|NOT| ---	位逻辑指令	取反能流
---（OPN）	---（OPN）	DB 调用	打开数据块：DB 或 DI
OS --| |---	OS --| |---	状态位	存储的异常位溢出
OV --| |---	OV --| |---	状态位	异常位溢出
---（P）---	---（P）---	位逻辑指令	RLO 正跳沿检测
POS	POS	位逻辑指令	地址上升沿检测
---（R）	---（R）	位逻辑指令	复位线圈
---（RET）	---（RET）	程序控制	返回
ROL_DW	ROL_DW	移位/循环	循环左移双字
ROR_DW	ROR_DW	移位/循环	循环右移双字
ROUND	ROUND	转换	取整为双精度整数
RS	RS	位逻辑指令	复位置位触发器
---（S）	---（S）	位逻辑指令	置位线圈
---（SAVE）	---（SAVE）	位逻辑指令	将 RLO 的状态保存到 BR
---（SC）	---（SZ）	计数器	设置计数器值
S_CD	Z_RUECK	计数器	减计数器
S_CU	Z_VORW	计数器	增计数器
S_CUD	ZAEHLER	计数器	双向计数器
---（SD）	---（SE）	定时器	接通延时定时器线圈
---（SE）	---（SV）	定时器	扩展脉冲定时器线圈
---（SF）	---（SA）	定时器	断开延时定时器线圈
SHL_DW	SHL_DW	移位/循环	双字左移
SHL_W	SHL_W	移位/循环	左移字
SHR_DI	SHR_DI	移位/循环	右移双精度整数
SHR_DW	SHR_DW	移位/循环	右移双字
SHR_I	SHR_I	移位/循环	右移整数
SHR_W	SHR_W	移位/循环	右移字
SIN	SIN	浮点数指令	得到正弦值
S_ODT	S_EVERZ	定时器	接通延时 S5 定时器
S_ODTS	S_SEVERZ	定时器	保持接通延时 S5 定时器
S_OFFDT	S_AVERZ	定时器	断开延时 S5 定时器
---（SP）	---（SI）	定时器	脉冲定时器线圈
S_PEXT	S_VIMP	定时器	扩展脉冲 S5 定时器
S_PULSE	S_IMPULS	定时器	脉冲 S5 定时器

续表

英语助记符	德语助记符	元件目录分类	说　　明
SQR	SQR	浮点数指令	得到平方
SQRT	SQRT	浮点数指令	得到平方根
SR	SR	位逻辑指令	置位复位触发器
---（SS）	---（SS）	定时器	保持接通延时定时器线圈
SUB_DI	SUB_DI	整数数学运算指令	减双精度整数
SUB_I	SUB_I	整数数学运算指令	减整数
SUB_R	SUB_R	浮点数指令	减实数
TAN	TAN	浮点数指令	得到正切值
TRUNC	TRUNC	转换	截断双精度整数部分
UO --⊣ ⊢---	UO --⊣ ⊢---	状态位	异常位无序
WAND_DW	WAND_DW	字逻辑指令	双字与运算
WAND_W	WAND_W	字逻辑指令	字与运算
WOR_DW	WOR_DW	字逻辑指令	双字或运算
WOR_W	WOR_W	字逻辑指令	字或运算
WXOR_DW	WXOR_DW	字逻辑指令	双字异或运算
WXOR_W	WXOR_W	字逻辑指令	字异或运算

附录 B　功能块图（FBD）指令汇总

英语助记符	德语助记符	元件目录分类	说　明
&	&	位逻辑指令	"与"逻辑操作
> = 1	> = 1	位逻辑指令	"或"逻辑操作
=	=	位逻辑指令	赋值
#	#	位逻辑指令	中间输出
--┤	--┤	位逻辑指令	插入数字输入
---o┃	---o┃	位逻辑指令	数字输入取反
= = 0	= = 0	状态位	结果位等于 0
>0	>0	状态位	结果位大于 0
> = 0	> = 0	状态位	结果位大于等于 0
<0	<0	状态位	结果位小于等于 0
< = 0	< = 0	状态位	结果位小于 0
< >0	< >0	状态位	结果位不等于 0
ABS	ABS	浮点算术运算指令	浮点数的绝对值运算
ACOS	ACOS	浮点算术运算指令	计算角的反余弦值
ADD_DI	ADD_DI	整数算术运算指令	加双精度整数
ADD_I	ADD_I	整数算术运算指令	加整数
ADD_R	ADD_R	浮点算术运算指令	加实数
ASIN	ASIN	浮点算术运算指令	计算以浮点数表示的角的反正弦值
ATAN	ATAN	浮点算术运算指令	计算以浮点数表示的角的反正切值
BCD_DI	BCD_DI	转换指令	BCD 码转换为双精度整型
BCD_I	BCD_I	转换指令	BCD 码转换为整型
BR	BIE	状态位指令	BR 存取区异常位
CALL	CALL	程序控制指令	调用无参数的 FC/SFC
CALL_FB	CALL_FB	程序控制指令	CALL_FB（以框方式调用 FB）
CALL_FC	CALL_FC	程序控制指令	CALL_FC（以框方式调用 FC）
CALL_SFB	CALL_SFB	程序控制指令	CALL_SFB（以框方式调用系统 FB）
CALL_SFC	CALL_SFC	程序控制指令	CALL_SFC（以框方式调用系统 FC）
CD	ZR	计数器指令	值减计数器

续表

英语助记符	德语助记符	元件目录分类	说　　明
CEIL	CEIL	转换指令	上限
CMP? D	CMP? D	比较指令	比较双精度整数（？可取＝＝、＜＞、＞、＜、＞＝、＜＝）
CMP? I	CMP? I	比较指令	整数比较（？可取＝＝、＜＞、＞、＜、＞＝、＜＝）
CMP? R	CMP? R	比较指令	比较实数（？可取＝＝、＜＞、＞、＜、＞＝、＜＝）
COS	COS	浮点算术运算指令	计算以浮点数表示的角的余弦值
CU	ZV	计数器指令	值加计数器
DI_BCD	DI_BCD	转换指令	双精度整型转换为 BCD 码
DI_R	DI_R	转换指令	双精度整型转换为实型
DIV_DI	DIV_DI	整数算术运算指令	除双精度整型
DIV_I	DIV_I	整数算术运算指令	除整型
DIV_R	DIV_R	浮点算术运算指令	除实型
EXP	EXP	浮点算术运算指令	计算浮点数的指数值
FLOOR	FLOOR	转换指令	基数
I_BCD	I_BCD	转换指令	整型转换为 BCD 码
I_DI	I_DI	转换指令	整型转换为双精度整型
INV_I	INV_I	转换指令	对整型数求反码
INV_DI	INV_DI	转换指令	二进制反码双精度整型
JMP	JMP	跳转	块中无条件跳转
JMP	JMP	跳转	块中有条件跳转
JMPN	JMPN	跳转	若非则跳转
LABEL	LABEL	跳转	跳转标签
LN	LN	浮点算术运算指令	计算浮点数的自然对数
MCR >	MCR >	程序控制	主控继电器关闭
MCR <	MCR <	程序控制	主控继电器开启
MCRA	MCRA	程序控制	主控继电器激活
MCRD	MCRD	程序控制	主控继电器去活
MOD_DI	MOD_DI	整数算术运算指令	返回分数双精度整型
MOVE	MOVE	传送	赋值
MUL_DI	MUL_DI	整数算术运算指令	乘双精度整型
MUL_I	MUL_I	整数算术运算指令	乘整型
MUL_R	MUL_R	浮点算术运算指令	乘实型
N	N	位逻辑指令	RLO 负跳沿检测

续表

英语助记符	德语助记符	元件目录分类	说　　明
NEG	NEG	位逻辑指令	地址负跳沿检测
NEG_DI	NEG_DI	转换指令	二进制补码双精度整型
NEG_I	NEG_I	转换指令	二进制补码整型
NEG_R	NEG_R	转换指令	实数取反
OPN	OPN	DB 调用	打开数据块
OS	OS	状态位	存储的溢出异常位
OV	OV	状态位	溢出异常位
P	P	位逻辑指令	RLO 正跳沿检测
POS	POS	位逻辑指令	地址正跳沿检测
R	R	位逻辑指令	复位输出
RET	RET	程序控制	返回
ROL_DW	ROL_DW	移位/循环指令	循环左移双字
ROUND	ROUND	转换指令	取整为双精度整型
ROR_DW	ROR_DW	移位/循环指令	循环右移双字
RS	RS	位逻辑指令	复位置位触发器
S	S	位逻辑指令	置位输出
SAVE	SAVE	位逻辑指令	将 RLO 存入 BR 存储区
SC	SZ	计数器指令	设置计数器值
S_CD	Z_RUECK	计数器指令	分配参数和递减计数
S_CU	Z_VORW	计数器指令	分配参数和递增计数
S_CUD	ZAEHLER	计数器	分配参数和递增/递减计数
SD	SE	定时器指令	启动接通延时定时器
SE	SV	定时器指令	启动延时脉冲定时器
SF	SA	定时器指令	启动断开延时定时器
SHL_DW	SHL_DW	移位/循环指令	双字左移
SHL_W	SHL_W	移位/循环指令	左移字
SHR_DI	SHR_DI	移位/循环指令	右移双精度整型
SHR_DW	SHR_DW	移位/循环指令	右移双字
SHR_I	SHR_I	移位/循环指令	右移整型
SHR_W	SHR_W	移位/循环指令	右移字
SIN	SIN	浮点算术运算指令	计算以浮点数表示的角的正弦值
S_ODT	S_EVERZ	定时器指令	设置接通延时定时器参数并启动
S_ODTS	S_SEVERZ	定时器指令	设置掉电保护接通延时定时器参数并启动
S_OFFDT	S_AVERZ	定时器指令	设置断开延时定时器参数并启动
SP	SI	定时器指令	启动脉冲定时器

英语助记符	德语助记符	元件目录分类	说　　明
S_PEXT	S_VIMP	定时器指令	设置延时脉冲定时器参数并启动
S_PULSE	S_IMPULS	定时器指令	设置脉冲定时器参数并启动
SQR	SQR	浮点算术运算指令	浮点数平方运算
SQRT	SQRT	浮点算术运算指令	计算浮点数的平方根
SR	SR	位逻辑指令	置位复位触发器
SS	SS	定时器指令	启动掉电保护接通延时定时器
SUB_DI	SUB_DI	整数算术运算指令	减双精度整型
SUB_I	SUB_I	整数算术运算指令	减整型
SUB_R	SUB_R	浮点算术运算指令	减实型
TAN	TAN	浮点算术运算指令	计算以浮点数表示的角的正切值
TRUNC	TRUNC	转换指令	截尾取整数部分
UO	UO	状态位指令	例外位无序
WAND_DW	WAND_DW	字逻辑指令	双字与运算
WAND_W	WAND_W	字逻辑指令	单字与运算
WOR_DW	WOR_DW	字逻辑指令	双字或运算
WOR_W	WOR_W	字逻辑指令	单字或运算
WXOR_DW	WXOR_DW	字逻辑指令	双字异或运算
WXOR_W	WXOR_W	字逻辑指令	单字异或运算
XOR	XOR	位逻辑指令	"异或"逻辑操作

附录 C 语句表（STL）指令汇总

英语助记符	德语助记符	元件目录分类	说　　明
+	+	整数算术运算指令	加上一个整数常数（16 位，32 位）
=	=	位逻辑指令	赋值
）	）	位逻辑指令	嵌套闭合
+ AR1	+ AR1	累加器指令	AR1 加累加器 1 至地址寄存器 1
+ AR2	+ AR2	累加器指令	AR2 加累加器 1 至地址寄存器 2
+ D	+ D	整数算术运算指令	作为双整数（32 位），将累加器 1 和累加器 2 中的内容相加
− D	− D	整数算术运算指令	作为双整数（32 位），将累加器 2 中的内容减去累加器 1 中的内容
* D	* D	整数算术运算指令	作为双整数（32 位），将累加器 1 和累加器 2 中的内容相乘
/D	/D	整数算术运算指令	作为双整数（32 位），将累加器 2 中的内容除以累加器 1 中的内容
? D	? D	比较指令	双整数（32 位）比较（? 可以是 = =，< >，>，<，> =，< =）
+ I	+ I	整数算术运算指令	作为整数（16 位），将累加器 1 和累加器 2 中的内容相加
− I	− I	整数算术运算指令	作为整数（16 位），将累加器 2 中的内容减去累加器 1 中的内容
* I	* I	整数算术运算指令	作为整数（16 位），将累加器 1 和累加器 2 中的内容相乘
/I	/I	整数算术运算指令	作为整数，将累加器 2 中的内容除以累加器 1 中的内容
? I	? I	比较指令	整数（16 位）比较（? 可以是 = =，< >，>，<，> =，< =）
+ R	+ R	浮点算术运算指令	作为浮点数（32 位），将累加器 1 和累加器 2 中的内容相加

续表

英语助记符	德语助记符	元件目录分类	说　明
- R	- R	浮点算术运算指令	作为浮点数（32 位），将累加器 2 中的内容减去累加器 1 中的内容
* R	* R	浮点算术运算指令	作为浮点数（32 位），将累加器 1 和累加器 2 中的内容相乘
/R	/R	浮点算术运算指令	作为浮点数，将累加器 2 中的内容除以累加器 1 中的内容
? R	? R	比较指令	比较两个浮点数（32 位）（? 可以是 = =，< >，>，<，> =，< =）
A	U	位逻辑指令	"与"逻辑
A （	U （	位逻辑指令	"与"操作嵌套开始
ABS	ABS	浮点算术运算指令	浮点数取绝对值（32 位）
ACOS	ACOS	浮点算术运算指令	浮点数反余弦运算（32 位）
AD	UD	字逻辑指令	双字"与"（32 位）
AN	UN	位逻辑指令	"与非"逻辑
AN （	UN （	位逻辑指令	"与非"操作嵌套开始
ASIN	ASIN	浮点算术运算指令	浮点数反正弦运算（32 位）
ATAN	ATAN	浮点算术运算指令	浮点数反正切运算（32 位）
AW	UW	字逻辑指令	字"与"（16 位）
BE	BE	程序控制指令	块结束
BEC	BEB	程序控制指令	条件块结束
BEU	BEA	程序控制指令	无条件块结束
BLD	BLD	程序控制指令	程序显示指令（空）
BTD	BTD	转换指令	BCD 码转成整数（32 位）
BTI	BTI	转换指令	BCD 码转成整数（16 位）
CAD	TAD	转换指令	改变累加器 1 中双字的位排列顺序（32 位）
CALL	CALL	程序控制指令	块调用
CALL	CALL	程序控制指令	调用多背景块
CALL	CALL	程序控制指令	从库中调用块
CAR	TAR	装入/传送指令	交换地址寄存器 1 和地址寄存器 2 的内容
CAW	TAW	转换指令	改变累加器 1 中字的位排列顺序（16 位）
CC	CC	程序控制指令	条件调用
CD	ZR	计数器指令	减计数器
CDB	TDB	转换指令	交换共享数据块和背景数据块
CLR	CLR	位逻辑指令	RLO 清零（= 0）
COS	COS	浮点算术运算指令	浮点数余弦运算（32 位）

续表

英语助记符	德语助记符	元件目录分类	说　明
CU	ZV	计数器指令	加计数器
DEC	DEC	累加器指令	减少累加器 1 低字的低字节
DTB	DTB	转换指令	双整数（32 位）转成 BCD 码
DTR	DTR	转换指令	双整数（32 位）转成浮点数（32 位）
ENT	ENT	累加器指令	进入累加器栈
EXP	EXP	浮点算术运算指令	浮点数指数运算（32 位）
FN	FN	位逻辑指令	脉冲下降沿
FP	FP	位逻辑指令	脉冲上升沿
FR	FR	计数器指令	使能计数器（任意）
INC	INC	累加器指令	增加累加器 1 低字的低字节
INVD	INVD	转换指令	对双整数求反码（32 位）
INVI	INVI	转换指令	对整数求反码（16 位）
ITB	ITB	转换指令	整数（16 位）转成 BCD 码
ITD	ITD	转换指令	整数（16 位）转成双整数（32 位）
JBI	SPBI	跳转指令	若 BR = 1，则跳转
JC	SPB	跳转指令	若 RLO = 1，则跳转
JCB	SPBB	跳转指令	若 RLO = 1 且 BR = 1，则跳转
JCN	SPBN	跳转指令	若 RLO = 0，则跳转
JL	SPL	跳转指令	跳转到标号
JM	SPM	跳转指令	若负，则跳转
JMZ	SPMZ	跳转指令	若负或零，则跳转
JN	SPN	跳转指令	若非零，则跳转
JNB	SPBNB	跳转指令	若 RLO = 0 且 BR = 1，则跳转
JNBI	SPBIN	跳转指令	若 BR = 0，则跳转
JO	SPO	跳转指令	若 OV = 1，则跳转
JOS	SPS	跳转指令	若 OS = 1，则跳转
JP	SPP	跳转指令	若正，则跳转
JPZ	SPPZ	跳转指令	若正或零，则跳转
JU	SPA	跳转指令	无条件跳转
JUO	SPU	跳转指令	若无效数，则跳转
JZ	SPZ	跳转指令	若零，则跳转
L	L	装入/传送指令	装入
LDBLG	LDBLG	装入/传送指令	将共享数据块的长度装入累加器 1 中
LDBNO	LDBNO	装入/传送指令	将共享数据块的块号装入累加器 1 中
LDILG	LDILG	装入/传送指令	将背景数据块的长度装入累加器 1 中

英语助记符	德语助记符	元件目录分类	说　明
LDINO	LDINO	装入/传送指令	将背景数据块的块号装入累加器 1 中
LSTW	LSTW	装入/传送指令	将状态字装入累加器 1
L	L	定时器指令	将当前定时值作为整数装入累加器 1（当前定时值可以是 0～255 之间的一个数字，例如 L T32）
L	L	计数器指令	将当前计数值装入累加器 1（当前计数值可以是 0～255 之间的一个数字，例如 L C15）
LAR1	LAR1	装入/传送指令	将累加器 1 中的内容装入地址寄存器 1
LAR1 < D >	LAR1 < D >	装入/传送指令	将双整数（32 位指针）装入地址寄存器 1
LAR1 AR2	LAR1 AR2	装入/传送指令	将地址寄存器 2 的内容装入地址寄存器 1
LAR2	LAR2	装入/传送指令	将累加器 2 中的内容装入地址寄存器 1
LAR2 < D >	LAR2 < D >	装入/传送指令	将双整数（32 位指针）装入地址寄存器 2
LC	LC	计数器指令	将当前计数值作为 BCD 码装入累加器 1（当前计数值可以是 0～255 之间的一个数字，例如 L CC 15）
LC	LC	定时器指令	将当前定时值作为 BCD 码装入累加器 1（当前定时值可以是 0～255 之间的一个数字，例如 L CT 32）
LEAVE	LEAVE	累加器指令	离开累加器栈
LN	LN	浮点算术运算指令	浮点数自然对数运算（32 位）
LOOP	LOOP	跳转指令	循环
MCR（	MCR（	程序控制指令	将 RLO 存入 MCR 堆栈，开始主控继电器 MCR
）MCR	）MCR	程序控制指令	结束主控继电器 MCR
MCRA	MCRA	程序控制指令	激活主控继电器 MCR 区域
MCRD	MCRD	程序控制指令	去活主控继电器 MCR 区域
MOD	MOD	整数算术运算指令	双整数形式的除法，其结果为余数（32 位）
NEGD	NEGD	转换指令	对双整数求补码（32 位）
NEGI	NEGI	转换指令	对整数求补码（16 位）
NEGR	NEGR	转换指令	对浮点数求反（32 位）
NOP0	NOP0	累加器指令	空指令
NOP1	NOP1	累加器指令	空指令
NOT	NOT	位逻辑指令	RLO 取反
O	O	位逻辑指令	"或"逻辑运算
O（	O（	位逻辑指令	"或"操作嵌套开始
OD	OD	字逻辑指令	双字"或"（32 位）
ON	ON	位逻辑指令	"或非"逻辑运算
ON（	ON（	位逻辑指令	"或非"操作嵌套开始
OPN	AUF	数据块调用指令	打开数据块

续表

英语助记符	德语助记符	元件目录分类	说　　明
OW	OW	字逻辑指令	字"或"（16 位）
POP	POP	累加器指令	累加器 2 的内容移入累加器 1，累加器 3 的内容移入累加器 2，累加器 4 的内容移入累加器 3
PUSH	PUSH	累加器指令	累加器 3 的内容移入累加器 4，累加器 2 的内容移入累加器 3，累加器 1 的内容移入累加器 2
R	R	位逻辑指令	复位
R	R	计数器指令	复位计数器（当前计数值可以是 0 ~ 255 之间的一个数字，例如 R C 15）
R	R	定时器指令	复位定时器（当前定时值可以是 0 ~ 255 之间的一个数字，例如 R T 32）
RLD	RLD	移位和循环移位指令	双字循环左移（32 位）
RLDA	RLDA	移位和循环移位指令	通过 CC1 累加器 1 循环左移（32 位）
RND	RND	转换指令	取整
RND –	RND –	转换指令	向下舍入为双整数
RND +	RND +	转换指令	向上舍入为双整数
RRD	RRD	移位和循环移位指令	双字循环右移（32 位）
RRDA	RRDA	移位和循环移位指令	通过 CC1 累加器 1 循环右移（32 位）
S	S	位逻辑指令	置位
S	S	计数器指令	置位计数器（当前计数值可以是 0 ~ 255 之间的一个数字，例如 S C 15）
SAVE	SAVE	位逻辑指令	把 RLO 存入 BR 寄存器
SD	SE	定时器指令	延时接通定时器
SE	SV	定时器指令	延时脉冲定时器
SET	SET	位逻辑指令	置位 RLO = 1
SF	SA	定时器指令	延时断开定时器
SIN	SIN	浮点算术运算指令	浮点数正弦运算（32 位）
SLD	SLD	移位和循环移位指令	双字左移（32 位）
SLW	SLW	移位和循环移位指令	字左移（16 位）
SP	SI	定时器指令	脉冲定时器
SQR	SQR	浮点算术运算指令	浮点数平方运算（32 位）
SQRT	SQRT	浮点算术运算指令	浮点数平方根运算（32 位）
SRD	SRD	移位和循环移位指令	双字右移（32 位）
SRW	SRW	移位和循环移位指令	字右移（16 位）
SS	SS	定时器指令	保持型延时接通定时器
SSD	SSD	移位和循环移位指令	移位有符号双整数（32 位）

续表

英语助记符	德语助记符	元件目录分类	说　明
SSI	SSI	移位和循环移位指令	移位有符号整数（16 位）
T	T	装入/传送指令	传送
TSTW	TSTW	装入/传送指令	将累加器 1 中的内容传送到状态字
TAK	TAK	累加器指令	累加器 1 与累加器 2 进行互换
TAN	TAN	浮点算术运算指令	浮点数正切运算（32 位）
TAR1	TAR1	装入/传送指令	将地址寄存器 1 中的内容传送到累加器 1
TAR1	TAR1	装入/传送指令	将地址寄存器 1 的内容传送到目的地（32 位指针）
TAR2	TAR2	装入/传送指令	将地址寄存器 2 中的内容传送到累加器 1
TAR2	TAR2	装入/传送指令	将地址寄存器 2 的内容传送到目的地（32 位指针）
TRUNC	TRUNC	转换指令	截尾取整
UC	UC	程序控制指令	无条件调用
X	X	位逻辑指令	"异或"逻辑运算
X（	X（	位逻辑指令	"异或"操作嵌套开始
XN	XN	位逻辑指令	"异或非"逻辑运算
XN（	XN（	位逻辑指令	"异或非"操作嵌套开始
XOD	XOD	字逻辑指令	双字"异或"（32 位）
XOW	XOW	字逻辑指令	字"异或"（16 位）

参 考 文 献

［1］胡学林. 可编程控制器教程（实训篇）［M］. 北京：电子工业出版社，2004.

［2］胡学林. 可编程控制器教程（提高篇）［M］. 北京：电子工业出版社，2005.

［3］胡学林. 可编程控制器教程（基础篇）［M］. 北京：电子工业出版社，2003.

［4］邢建榕. 可编程控制器识图［M］. 北京：化学工业出版社，2010.